亡国の環境原理主義

有馬純

エネルギーフォーラム

もくじ

第3章 「脱炭素教の巫女《みこ》」グレタ・トゥーンベリと環境原理主義 51

第4章 「地球温暖化防止のリーダー」欧州の実像 71

第9章 日本を滅ぼす3つの原理主義 153

プロローグ

『化石賞』授賞式
出所：筆者撮影

プロローグ

最初に、ひとつのエピソードから始めましょう。２０１９年12月12日、スペインのマドリードで開催されたＣＯＰ25（気候変動枠組条約第25回締約国会議）での出来事です。

筆者は、経団連（日本経済団体連合会）ミッションの一員としてＣＯＰ25に参加していたのですが、その日、日本が2度目の『化石賞』を受けるという情報が入りました。

『化石賞』とは、国際環境団体が地球温暖化交渉において後ろ向きな主張をした国に対して皮肉を込めて贈る賞のことです。「CO_2（二酸化炭素）をたくさん排出する化石燃料に囚《とら》われている」、「化石のように頭が古い」といった意味合いを込めているのでしょう。

『化石賞』の授賞式は、ＣＯＰの会期中に毎日、夜6時頃、会場の一角で行われます。時間少し前に行ってみると日本のテレビカメラが何台も並んでいました。会場では、恐竜の化石のぬいぐるみがノソノソ歩き回っています。時間になると骸骨のコスチュームをきた覆面姿の男性が現れ、前日の小泉進次郎環境大臣のスピーチを取り上げ、日本が温室効果ガス削減の目標値を引き上げなかった、脱石炭に積極的な姿勢を示さなかったとの「罪状」を読み上げ、「よって日本に『化石賞』第1位を授与する」と宣言します。すると、日本の環境ＮＧＯ（非政府組織）の女性が壇上にあがり、石炭を模した黒い塊の入ったバケツを持たされ、周囲の国際ＮＧＯの人たちが「恥を知れ、日本！」と言いながら黒い塊を彼女に投げつけます。正直いって、高校の文化祭のような催しですが、翌日の新聞では「日本、2度目の『化石賞』受賞」との見出しが躍ることになりました。『化石賞』というのは、環境団体が自分たちの考え方と合わない主張をする国を一方的に断罪するものであり、公的なものではまったくありません。環境団体は、CO_2排出が多い石炭を目の敵《かたき》にしていますが、世界最大の石炭消費国・石炭火力輸出国である中国に対して『化石賞』を与えたことは一度としてありません。選定基準が大きく偏《かたよ》っているといってよいでしょう。アジアの途上国が経済発展のため、域内に潤沢《じゅんたく》に存在し、安価な石炭資源をできるだけクリーンに使うには高効率石炭火力が必要です。CO_2削減という単一の価値観をすべてに優先し、それに合わないものを否定することは「環境原理主義」そのものです。

筆者は、地球温暖化外交で交渉官を務めていたとき、日本の国益を守るために行った発言を理由に『化石賞』を何度も受賞しました。京都議定書第二約束期間への参加を拒否するステートメントを行ったときは、『化石賞』の第1位から第3位までぶち抜きで日本が受賞することになりました。けれども筆者は、むしろ勲章くらいに思っていました。彼らから賞賛されるような政策を採用すれば、日本経済が大きな打撃を被《こうむ》ると考えていたからです。

だから、「途上国への石炭火力輸出を何とかしたいと思ったが、新たな見解をだせなかった。『化石賞』をもらう可能性があると思っていた」との小泉進次郎環境大臣のコメントには失望しました。日本のメディアが大きく取り上げ、環境大臣が畏《おそ》れ入れば、環境NGOがますます嵩《かさ》にかかって日本を狙い撃ちするでしょう。「将来の首相候補」との呼び声もある小泉環境大臣ですが、COP25から現在に至るまでの彼の発言を見るにつけ、日本国の舵《かじ》取りを彼に委《ゆだ》ねたいとは思いません。彼に環境原理主義の色彩を強く感ずるからです。

COP25から1年半以上が過ぎ、地球温暖化をめぐる内外情勢は大きく変わりました。産業革命以降の温度上昇を1・5℃に抑え、2050年に地球全体でカーボンニュートラルを達成するとの目標が事実上の規範になり、米国では、地球温暖化問題を最優先課題とするバイデン政権が誕生しました。2020年10月、菅義偉《すがよしひで》首相は、2050年までのCO_2排出削減の長期目標を80％からカーボンニュートラル（実質ゼロ）に引き上げ、２０２１年4月の米国主催の気候変動サミットでは、２０３０年目標を２０１３年比26％減から一気に46％減に引き上げました。新聞を開けばカーボンニュートラル、脱炭素という言葉が紙面を飾り、「脱炭素化の潮流に乗り遅れるな」、「再生可能エネルギーをもっと大量に導入せよ」という画一的な論調が目立ちます。国際社会は、脱炭素化に向けて本当に一気呵成に進むのだろうか、大幅な目標値の引き上げが日本経済にどのような影響を与えるのかといった冷静な議論は、ほとんど報じられていません。そうした問いかけをすると、まさしく「化石」扱いされそうな同調圧力が政治、経済、社会を覆《おお》っているように思えます。欧州に端を発し、米国政府を飲み込んだ環境原理主義が日本にも及んできたようです。

地球温暖化防止は、重要な課題であることは間違いありません。しかし、地球温暖化問題が地球レベルの問題である以上、すべての主要排出国が削減努力をしなければ、世界全体の排出量の３％程度にすぎない日本が苦労して排出削減をしても意味がありません。日本はかつて、京都議定書で諸外国に比して不均衡に高い負担を強《し》いられました。

筆者は、地球温暖化交渉に携わり、地球温暖化防止という美しい理念とは裏腹の、国際政治の駆け引き、タテマエと本音のギャップを目の当たりにしてきました。元交渉官の目から見ると、最近の動きは国益に関する冷静な計算を欠いたものであり、かつての失敗の歴史を繰り返しているように思えてなりません。「環境と経済の好循環」という聞こえの良いスローガンが叫ばれていますが、エネルギーコストが既《すで》に他国よりも高い日本でさらなるコストアップが生じれば、国富や雇用の流出を招く可能性があり、その結果、一番の漁夫の利を得るのは中国なのです。

「空気を読まない」と揶揄《やゆ》されることを承知のうえで本書の筆をとったのは、こうした思いによるものです。国際社会は、さまざまな課題に直面しており、地球温暖化問題は、唯一至高の課題ではありません。地球温暖化防止をすべてに最優先する環境原理主義の考え方はNGOの行動理念としては良くても、政府の政策にするにはあまりにもバランスを欠いています。地球温暖化問題の本質や国際情勢を冷静かつ複眼的に捉《とら》え、頭を冷やして合理的に対応することが今ほど重要なときはありません。本書が政治やメディアの世界にあふれる「正論」とは別の視点を提供できるのであれば、筆者にとって望外の喜びです。

なお、本書で表明する見解はすべて筆者の個人的なものであり、本文に登場する人物の役職は当時のものであることを申し添えます。

第1章

地球温暖化問題とは何か

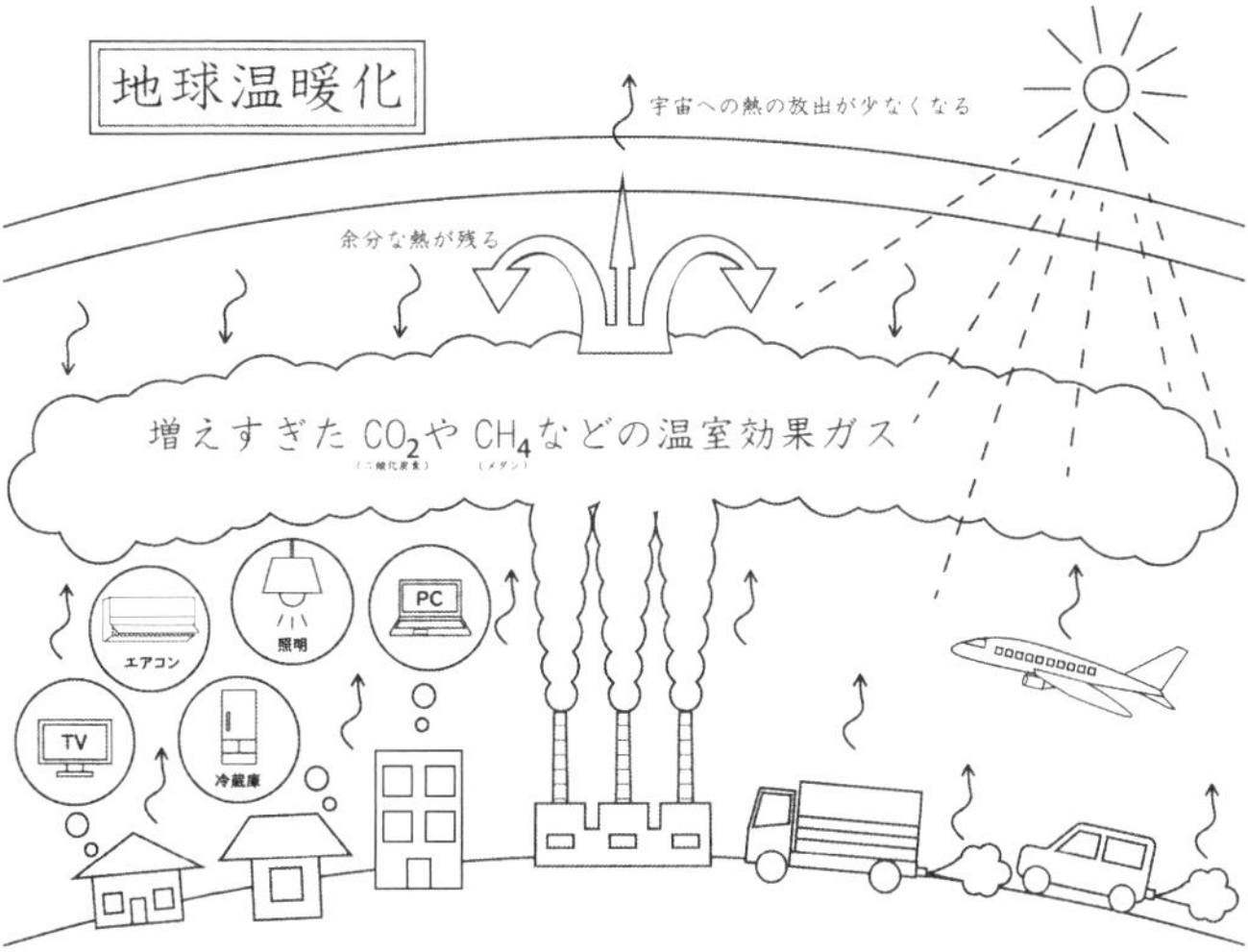

地球温暖化問題とは何か

新聞を開いて「地球温暖化」という言葉を見ない日はありません。地球温暖化問題とは、地球規模で気温や海水温が上昇し、氷河や氷床が縮小することをいいます。地球温暖化の発生メカニズムには種々の学説がありますが、気候変動問題の科学的知見を集めるために1988年に設立されたIPCC（国連気候変動に関する政府間パネル）の『第五次評価報告書（2014年）』では、地球温暖化が人間の活動に起因する温室効果ガス（CO_2、メタン、N_2O〈亜酸化窒素〉、フロン）によって引き起こされている確率が極めて高い（95％以上）としています。世界の温室効果ガスの65％は化石燃料の生産・消費に由来するCO_2、11％が森林減少などによるCO_2、16％がメタンですから、温室効果ガス問題は、ほぼCO_2問題といっても過言ではありません。また、CO_2の大部分はエネルギーの生産、利用に伴《ともな》って発生していますので、地球温暖化問題とエネルギー問題はコインの裏表の関係にあります。

地球温暖化の進行に伴う影響は多岐にわたります。陸地では、蒸発や降雨といった水の循環が激しくなり、その結果、洪水が多発する地域がある一方、渇水や干ばつに苦しむ地域がでるといったように水資源のバランスが崩れることが懸念されます。大気では、対流圏や成層圏といった大気圏の温度構造が変化することなどにより、オゾン層にも複雑な影響が及んだり、光化学スモッグが発生しやすくなったりして、人の健康に影響を及ぼす可能性があります。海では、海水の温度上昇により体積が増える、氷河が融《と》けるなどにより海面が上昇し、広大な面積の砂浜が水没し、小島嶼《とうしょ》国のように国土を失うリスクに晒《さら》される国が発生する可能性があります。それ以外にも、高山植物や気候の変化にうまく適応できない植物、トナカイやホッキョクグマ、アザラシなどの極地周辺の動物が絶滅する恐れがあるなどの悪影響も指摘されています。

２０１８年の世界の温室効果ガス排出量は５５３億トンで、排出シェアの高い国・地域を順に並べると第1位・中国（26・6％）、第2位・米国（12・9％）、第3位・ＥＵ（欧州連合）28カ国（9・6％）、第4位・インド（6・7％）、第5位・ロシア（4・6％）で、日本は第6位（2・7％）になります。経済規模の大きい国々は、大量の温室効果ガスを排出し、地球温暖化の進行への寄与度が高い一方、貧しい途上国や島嶼国は、温室効果ガス排出量が極めて小さいにもかかわらず、一次産業の収量減、海面上昇による国土消失のリスクなど、相対的に大きな被害を受けることになります。地球温暖化問題に対処するためには、国際的な取り組みが必要であり、1990年代初頭以来、枠組み構築のための交渉が行われてきました。その結果、2015年に採択されたのがパリ協定です。

地球温暖化をめぐる虚像と実像

さまざまなリスクをもたらす地球温暖化の防止が必要なことは間違いありません。しかし、最近の議論は極端にすぎると思えます。メディアは、台風や豪雨、洪水などが生ずるたびに地球温暖化が原因だと報じ、環境活動家は、「我々は気候危機に瀕《ひん》している。今すぐ行動を起こさねば人類は滅亡する！」と叫んでいます。実際のところはどうなのでしょうか。

ここで、地球温暖化問題に関する以下の12問のクイズに答えてみてください。これは、「Global Warming Policy Foundation」というシンクタンクのウェブサイト（https://www.thegwpf.com/the-big-climate-change-quiz/）に掲載されたものです。ウェブ上では、1問解答するごとに正解・不正解が示され、すべての設問に答えると、正解とその根拠となるファクトデータが示されます。英語ですが、非常におもしろいものですので、関心のある方は是非のぞいてみてください。

第1問　過去20年で世界の温度は何度上昇したか？

①0・3度　②0・8℃　③1・5℃

第2問　産業革命以降、世界の温度は何度上昇したか？

①10℃　②3℃　③1℃

第3問　1960年には5000〜1万5000頭のホッキョクグマが生息していたと考えられている。現在の生息数は何頭か？

①2万8000頭以上　②5000〜1000頭　③4000頭未満

第4問　世界のエネルギー消費に占める太陽光と風力のシェアは？

①2・6%　②0・8%　③8・4%

第5問　1920年代以降、異常気象で死亡した人の人数は？

①90%以上増加した　②90%以上減少した　③変わらない

第6問　大気中のCO_2濃度は？

第7問　ＩＰＣＣは洪水についてどういっているか？

①40％　②4％　③0・04％

①増加傾向にあるとの点で強い証拠と高い信頼性がある
②いかなる傾向についても証拠を欠いており、信頼度も低い
③減少傾向にあるとの点につき、中程度の信頼度がある

第8問　化石燃料は2016年に世界のエネルギー利用の81％を占める。2040年の数字はどの程度と予想されるか？

①32％　②74％　③56％

第9問　欧州における2017年の新車販売に占める電気自動車のシェアは？

①1・74％　②2・86％　③5・73％

第10問　1981年から2015年にかけて1日当たりの所得が1・9ドル以下の極貧下で生活している人々の割合は？

①18％増加した　②18％減少した　③78％減少した

第11問　1998年から2015年にかけて火事に見舞われた地表面積は？

①32％増加した　②68％増加した　③24％減少した

第12問　1983年以降、世界の森林面積は？

①13％減少した　②6％減少した　③7％増加した

正解は、第1問①、第2問③、第3問①、第4問①、第5問②、第6問③、第7問②、第8問②、第9問①、第10問③、第11問③、第12問③です。皆さんの成績はどうだったでしょうか。おそらく正解よりももっと悪い状況を答えた方が多いのではないでしょうか。地球温暖化をめぐる「虚像と実像」については、キヤノングローバル戦略研究所の杉山大志研究主幹が作成した『地球温暖化ファクトシート』が、メディアで報道される気候危機と現実のデータを比較対照しており、大変参考になります。次に、その主要なポイントをご紹介します。

- 台風によって大きな災害が発生するたびに地球温暖化のせいだと騒ぐ記事であふれるが、気象庁が公開している統計で確認すれば、台風は増えても強くもなってもいない。台風の発生数は年間25個程度で一定しており、「強い」に分類される台風の発生数も15個程度と横ばいで増加傾向はない。
- 猛暑は、都市熱や自然変動によるもので、CO_2による地球温暖化のせいではない。

地球温暖化による地球の気温上昇は江戸時代と比べて0・8℃にすぎない。過去30年間当たりならば0・2℃とわずかで、体感することすら不可能だ。

● 豪雨は、観測データでは増えていない。理論的には過去30年間に0・2℃の気温上昇で雨量が増えた可能性はあるが、それでもせいぜい1%である。

● 地球温暖化によって大きな被害がでるという数値モデルによる予測はあるが、被害予測の前提とするCO$_2$排出量は各国が何の対策も講じず、石炭利用が野放図に拡大するという非現実的な想定に基づいて極端に多く見積もられている。CO$_2$排出量が地球温暖化をもたらすメカニズムで重要な役割を果たすのが水蒸気の増加や雲の変化であるが、これをモデル化することは極めて難しく、気温予測の出力を見ながら任意にパラメーターを調整しており、信頼性に疑問がある。

● CO$_2$の濃度は、江戸時代に比べると1・5倍になった。その間、地球の気温は0・8℃上がった。だが、観測データで見れば何の災害も起きておらず、むしろ、経済成長によって人は長く健康に生きるようになった。

● 今後も緩やかな地球温暖化は続くかもしれない。だが、破局が訪れる気配はない。「気候危機」や「気候非常事態」と煽《あお》る向きがあるが、そんなものはどこにも存在しない。

先ほどのクイズの正解といい、杉山大志研究主幹の説明といい、欧州や日本を酷暑が襲い、山火事や洪水、台風が各地で頻発《ひんぱつ》し、それらがすべて地球温暖化のせいだというニュースに接している方からみれば「本当か？」と思われるかもしれません。このように「人類は危機に瀕している」と信ずる心理について、２０２０年に世界で３００万部の大ベストセラーとなったハンス・ロスリング氏の著書『ファクトフルネス(Factfulness)』が興味深い指摘をしています。

人の判断を誤らせる10の本能

『ファクトフルネス』の冒頭に12のクイズが掲げられています。皆さんも答えを考えてみてください。

第1問　世界の低所得国において初等教育を終えた女児の割合は？

①20％　②40％　③60％

第2問　世界の人口の大部分はどこに居住しているか？

①低所得国　②中所得国　③高所得国

第3問　過去20年で極貧状態の人口はどうなったか？

①ほぼ倍増　②ほぼ変わらない　③ほぼ半減

第4問　世界の平均寿命は？

①50歳　②60歳　③70歳

第5問　世界には0〜15歳の子供が20億人いる。

国連の見通しによると2100年における子供の人口は？

①40億人　②30億人　③20億人

第6問　国連は2100年までに世界人口が

さらに40億人増加すると見込んでいるが、その理由は？

①15歳未満の子供が増えるから　②15〜74歳の成人が増えるから

③75歳以上の老人が増えるから

第7問　過去100年で自然災害による年間死者数はどうなったか？

①ほぼ倍増　②ほぼ同じ　③ほぼ半減

第８問　世界には約70億人の人口がいるが、地域別内訳で適切なものは以下のうちどれか？

①北米・南米20億、ユーラシア10億、アジア30億、アフリカ10億
②北米・南米10億、ユーラシア10億、アジア40億、アフリカ10億
③北米・南米10億、ユーラシア10億、アジア30億、アフリカ20億

第９問　世界の１歳児のうち、何らかの予防接種を受けている割合は？

①20％　②50％　③80％

第10問　世界では30歳の男性は平均10年間を学校で過ごしているが、同年代の女性は何年、学校で過ごしているか？

①９年　②６年　③３年

第11問　１９９６年にトラ、パンダ、クロサイは絶滅危惧種に登録されたが、現在、絶滅の危機が高まっているのはこの３種のうちどれか？

①２種　②１種　③どれでもない

第12問　世界で何らかの電気にアクセスを有している人口の割合は？

①20％　②50％　③80％

第13問　世界の気候専門家は今後100年間に地球の平均気温をどう予想しているか？

温暖化する　②同じ　③寒冷化する

それぞれのクイズの正解は、第1問③、第2問②、第3問③、第4問③、第5問③、第6問②、第7問③、第8問①、第9問③、第10問①、第11問③、第12問③、第13問①です。皆さんの成績はどうだったでしょうか。ロスリング氏によると、大半の人は、正解率が3分の1以下で、ランダムに答えるチンパンジーよりも低く、しかも、専門家や学歴が高い人、社会的な地位がある人ほど、より悪い事態を答える傾向が強かったそうです。

ロスリング氏は、こうした間違いを引き起こす原因として10の本能を挙げています。

- 分断本能：「世界は分断されている」という思い込み
- ネガティブ本能：「世界がどんどん悪くなっている」という思い込み
- 直線本能：「ものごとが一直線で進む」という思い込み

- 恐怖本能：実は危険でないことを「恐ろしい」と考えてしまう思い込み
- 過大視本能：「目の前の数字が一番重要」という思い込み
- 一般化本能：「ひとつの例にすべてがあてはまる」という思い込み
- 宿命本能：「すべてはあらかじめ決まっている」という思い込み
- 単一視点本能：「世界はひとつの切り口で理解できる」という思い込み
- 指弾本能：「誰かを責めれば物事は解決する」という思い込み
- 緊急性本能：「いますぐ手を打たないと大変なことになる」という思い込み

この10の本能は、世間で流布している地球温暖化議論にもおもしろいほどに当てはまります。例えば、「ネガティブ本能（世界は地球温暖化でどんどん悪くなっている）」、「直線本能（このまま地球温暖化が一直線に進む）」、「恐怖本能（地球温暖化によって人類は滅亡に瀕している）」、「単一視点本能（地球温暖化防止が最も重要な課題であり、その処方箋《しょほうせん》は再生可能エネルギーと省エネしかない）」、「指弾本能（過激な地球温暖化対策に疑問を呈する者は糾弾《きゅうだん》すべきだ）」、「緊急性本能（時間がない、今すぐ対策をとらねば人類は破滅する）」などです。

そこで、ロスリング氏は、地球温暖化の危機を煽る風潮について、次のように警鐘《けいしょう》を鳴らしています。

「多くの活動家は、気候変動が唯一の重要な世界的政策課題であると確信しており、気候変動を他のグローバルな問題の唯一の原因であるとするのが常である。気候変動という長期の問題の切迫感を増すため、シリアやISIS（イスラム国）、エボラ、エイズ、サメの攻撃など、現時点での脅威に飛びつき、気候変動がそれをもたらしていると説くが、多くの場合、仮説の域をでない。特に懸念されるのは『気候難民』という用語で人々の関心を引こうとしていることだ。移民に対する恐怖を気候変動に対する恐怖に置き換え、CO_2削減への支持を強めることを狙ったものだ。この点を活動家に指摘すると、将来のリスクに対して行動を取らせるための唯一の方法なのだから、こうした手法も正当化されると答えることが多い。目的は、手段を正当化するというわけだ。こうした方法は、気候科学と運動そのものへの信頼性を損なうことになる。戦争や紛争、貧困、移民に対する気候変動の役割を誇張することは、グローバルな問題の他の要因を無視することにつながり、我々の対応能力を損なう。（中略）気候変動を重視する者は、問題に継続的に取り組むとともに、自分たちのフラストレーションや危機を煽る人たちのメッセージの犠牲者となってはならない。最悪のシナリオを考えると同時に、データの不確実性も念頭に置くべきだ。良い決断、理にかなった行動をとるためにも頭をクールに保たねばならない」。

筆者も、この指摘にまったく賛成です。環境活動家は、異常気象のみならず、パンデミックや難民、戦争までも地球温暖化が原因であると主張し、人々の恐怖心を養分にしているメディアもそういう議論を後押しします。そうすれば、地球温暖化による直接・間接の被害額はいくらでも積み上がり、「再生可能エネルギー１００％」など自分たちの主張している施策が高コストであっても、地球温暖化による損害に比べれば安いものだということになります。地球温暖化の科学的解明を目的に設置された国連のＩＰＣＣは、「１・５℃、２０５０年カーボンニュートラルが達成できなければ人類は滅亡する」などと一言もいっていません。

気候変動パニックの問題点

２０２０年にデンマークの政治経済学者、ビョルン・ロンボルグ氏が『False Alarm:

How Climate Change Panic Costs Us Trillions, Hurts the Poor and Fails to Fix the Planet（誤った警鐘：気候変動パニックはいかにして数兆ドルのコストをもたらし、貧困層を傷つけ、地球を安定化させることに失敗するか）』と題する著書を発表しました。本書における彼の問題提起には、筆者も大いに同感するところですので、少し長いですが、次に、そのポイントを紹介します。

・気候変動は現実に生じており、その大半は、人類の化石燃料利用によるＣＯ２に起因する。この問題に知的に対処しなければならないが、そのためには、「今やらねば人類は滅亡だ」といった議論をやめ、気候変動が唯一の問題と考えないことだ。環境活動家は目的が正しければ誇張も許されると考えている。

・「地球温暖化を防止するには10年しかない」という議論はその典型だ。これは、科学ではなく政治的なメッセージである。政治家が実現不可能な地球温暖化目標を示し、そのために何が必要かを科学者に問えば、彼らは２０３０年までに社会のあらゆる側面を極端に変えねばならないと答える。これは、米国で何万人もの人が交通事故で死亡していることを理由に、交通事故死をゼロにするため、速度制限を時速４・８

キロにしろというようなものだ。

- 我々は、滅亡の瀬戸際にいるのではない。気候変動に関する悲観的な論調は、人類の現在の生活水準は歴史上最善な状態にあるという事実を覆い隠している。平均寿命も、一人当たりＧＤＰ（国内総生産）も、屋内大気汚染も、単位面積当たり農作物生産量も大きく改善した。これは、安価で安定的なエネルギーに支えられ、我々が豊かになったからこそ達成できたことだ。
- 国連は、２１００年に平均所得は現在の４５０％になるだろうと予測している。気候変動が経済にマイナスの影響を及ぼすのは確かだが、21世紀末までに気候変動がもたらすマイナス影響はＧＤＰの４％程度といわれている。２１００年のＧＤＰが現状の４５０％ではなく４３４％になるのは問題ではあるが、破滅的なものではない。活動家やメディアのばらまく環境危機の煽動《せんどう》により、自分たちの将来に不安を感じている子供たちに対しては、このような情報こそ伝えねばならない。
- しかし、人々は良いニュースには耳を傾けない。このため、多くの国々では、気候変動対策のために不合理なほど多額な資金を投入している。再生可能エネルギー投資や補助金などは、世界全体で４０００億ドル（約44兆円）以上にのぼる。この金額は、パリ協定によりさらに拡大し、２０３０年までには毎年1兆〜2兆ドル（約１１０兆〜２２０兆円）にまで膨《ふく》らむだろう。より多くの国がカーボンニュートラルを約束するなかで、この金額はさらに数十兆ドル（数千兆円）に膨らむ。

●こうした対応は、持続可能ではない。人々は気候変動を懸念しているが、その解決のために自分のお金を使いたいと思っていない。せいぜい年間１００〜２００ドル（約1万１０００〜2万２０００円）であり、地球温暖化防止のために推進すべきとされる施策は一人当たり年間数千〜数万ドル（数十万〜数百万円）かかる。地球温暖化対策があまりに高価になれば、人々はそんな施策に投票しない。長期にわたって安定的で効果的な対策こそが必要である。

●我々は、過去何世紀にもわたって気候変動への適応を繰り返してきた。農産物の品種改良など、現代の進んだ技術をもってすれば、今後の気候変動にも十分適応可能であり、CO_2をゼロにするよりもはるかに安価である。

●気候変動は、地球が直面する唯一の課題ではない。気候変動に過度に焦点をあてる結果、結核予防や避妊具の普及、飢餓の改善、教育の普及、エネルギー貧困の低下など、世界をより良くできる課題を無視することになる。深呼吸して、気候変動とは何であるかを理解することが必要だ。気候変動は、地球に衝突しようとしている小惑星ではなく、長期の治療を要する糖尿病のようなものだ。気候変動を管理しながら、世界をより良くする他の課題に取り組むことにより、未来をより良くすることができる。

世界中で政治家や活動家、メディアが気候変動への恐怖感をばらまいているなかで、このような主張を行うことは勇気がいると思います。

便益はグローバル、負担はローカル

「不確実性があるとはいえ、地球温暖化がさまざまな悪影響をもたらす可能性がある以上、できるだけ早く温室効果ガスを大幅に削減すればよいではないか」という意見もあるでしょう。しかし、物事は、それほど単純ではありません。温室効果ガス排出の主因とされるエネルギーの生産・消費は、人々の日常生活や産業活動と密接にリンクしています。エネルギーの生産・消費は、各国の経済成長や生活水準の向上に比例して増大してきました。逆に、温室効果ガス排出を人為的に抑制・削減することは、経済に対して追加的なコストを課することになります。温室効果ガスの削減スケジュールが急速かつ大幅であればコストは増大することになります。他国が同等の対応を行わない場合、国際競争力の悪化につながり、雇用や経済成長に悪影響をもたらすでしょう。また、エネルギーコストの上昇は、可処分所得に占める光熱費の比率の高い低所得層にとっても大きな打撃になります。

大気汚染のような地域環境問題の場合、工場からの排気ガスの抑制にコストがかかりますが、周辺地域の健康被害の減少という目に見える効果があります。温室効果ガスの場合、多大なコストをかけて削減しても、その効果は地球全体に広く薄く広がってしまうため、コスト負担に見合った効果を実感できないのです。キヤノングローバル戦略研究所の杉山大志研究主幹は、「2050年に日本が温室効果ガス排出をゼロにしても気温は0・01℃も下がらない」と試算しています。日本国内の費用対効果で考えれば、地球温暖化対策は割に合わない支出ということになります。

こうした「削減の便益はグローバルだが、負担はローカル」という地球温暖化問題の性質は、「どこか他の国が削減すればよい」という「フリーライド（ただ乗り）」の構図を発生させます。これまで温室効果ガスが一貫して増大してきたのも、パリ協定採択までの国際的枠組み交渉が難航を重ねてきたのも、これが最大の理由なのです。

第２章

パリ協定への長い道のり

パリ協定を採択し、喜ぶ（手前右端から）フランスのオランド大統領とファビウスCOP21議長（フランス外務大臣）、国連の潘基文事務総長ら（フランス・パリ近郊）

出所：EPA＝時事

気候変動枠組条約の採択

１９８０年代後半から科学者の間で地球温暖化問題への取り組みの必要性が強調されるようになり、気候変動の科学的解明のため、１９８８年、国連にＩＰＣＣが設置されました。ＩＰＣＣの知見を踏まえ、１９９２年、ブラジルのリオデジャネイロの地球サミットにおいて、地球温暖化防止のための初の国際的取り組みとして採択されたのが、ＵＮＦＣＣＣ（国連気候変動枠組条約）です。この条約では、産業革命以降の先進国の経済拡大が地球温暖化の主因であるとの理由で、「共通だが差異のある責任」との原則が盛り込まれ、先進国は、２０００年までに排出量を１９９０年レベルで安定化させるよう努力するとともに、途上国に対して資金、技術支援を行うことなどが盛り込まれました。

「共通だが差異のある責任」の原則は、条約制定当時、それなりの存在理由がありました。地球温暖化問題は、大気中に蓄積された温室効果ガス濃度の上昇によって引き起こされるものであり、産業革命以降の先進国の責任が大きいことは当然です。１９９０年当時、世界の温室効果ガスの３分の２を先進国が占めていました。しかし、２０００年以降、中国を筆頭に新興国の排出量が急速に拡大してきました。まもなく中国の累積排出量がＥＵ全体の累積排出量を超過するでしょう。「共通だが差異のある責任」についてもこうした状況変化を踏まえてダイナミックに解釈・適用する必要があるのですが、途上国にとって非常に都合の良い原則であるため、その後の地球温暖化交渉において、途上国は常にこの原則をふりかざしてきました。

日本のひとり負けに終わった京都議定書

気候変動枠組条約採択後も先進国の温室効果ガス排出量は増大を続け、枠組条約の下に法的強制力をもった議定書を設け、排出量を削減することが必要だとの認識が高まりました。この結果、１９９７年に京都で開催されたＣＯＰ３で採択されたのが京都議定書です。

京都議定書では、「共通だが差異のある責任」原則に基づき、米国やＥＵ、日本などの先進国のみが温室効果ガス削減義務を負います。２００８～２０１２年の５年間を第一約束期間とし、先進国は第一約束期間の年平均排出量を１９９０当時の排出量から一定比率削減することを義務づけられます。その削減比率は、EUが8%減、米国が7%減、日本は6%減とされました。目標が達成できない場合、2013年以降の第二約束期間において未達成分の1・3倍の削減が義務づけられるという罰則も科せられます。一見するとEUが最も厳しい目標を負ったようにみえるかもしれませんが、現実には、1990年という基準年のおかげで寝転がっても達成できる目標だったのです。1990年に東西ドイツが統合されましたが、旧東ドイツの古い工場や発電所の建て替えにより、1990年以降、温室効果ガスが減少傾向にありました。また、英国では、1980年代に北海ガス田が発見されたことにより、発電部門における石炭から天然ガスへの燃料転換が急速に進み、やはり温室効果ガス排出量が減少傾向にありました。EUは、1990年基準年と温室効果ガス削減努力とは無関係の2つの「棚ぼた」を最大限利用したのです。

当時、世界最大の排出国であり、先進国の排出量の約50%を占める米国は、クリントン政権の下で京都議定書に署名したものの、2001年に誕生したブッシュ政権の下で離脱してしまいました。これは、条約の批准権限を有している上院が京都議定書採択の数カ月前、「途上国が先進国と同等の義務を負わない条約には加盟しない」との決議を全会一致で採択していたからです。先進国のみが削減義務を負う京都議定書が、この基準を満たしていないことは明らかです。ＣＯＰ３において米国代表団を率いていたゴア副大統領は、上院で決して批准されることのない京都議定書に署名したことになります。

これに対して日本は、二度にわたる石油危機の苦い経験から、「乾いたタオルを絞る」ように省エネを進め、先進国中、最もエネルギー効率の高い国になりました。このため、追加的なCO_2の削減は容易ではなく、当初は１９９０年比０・５％減程度の目標を念頭に交渉していました。日本に「京都会議を成功させるためには議長国として、もっと野心的な目標が必要だ」と強く迫ったのがゴア副大統領でした。結局、日本は、森林吸収源と他国からの排出削減クレジットの購入（京都メカニズム）を目いっぱい織り込んで６％減という義務を負うこととなりました。ゴア副大統領は、ノーベル平和賞を受賞し、地球温暖化防止の伝道師とされていますが、筆者は、日本に目標引き上げを迫る一方で、米国の京都議定書離脱のレールを敷いた彼をまったく評価していません。

京都議定書交渉は日本の外交的敗北でした。ＥＵは寝転がっても達成できる８％減目標、米国は逃げてしまい、あとに残された日本は６％減目標達成のため、海外から１兆円を超えるCO_2排出削減クレジットを購入せざるを得ませんでした。そして、日本が購入する排出削減クレジットの市場として潤《うるお》ったのが英国のロンドンでした。

筆者は、排出削減クレジットの京都メカニズムの詳細ルール策定交渉に参加しましたが、１９９０年比６％減という目標が先に決まり、その達成手段である森林吸収源やクレジット取引の詳細ルールはこれから決めるというのは、日本にとって最悪の舞台設定でした。ＥＵは寝転がっても目標を達成できることから、「海外からの削減クレジットの購入は、国内での排出削減努力を緩めるための抜け道だ。クレジットの利用に制限をかけるべきだ」と主張し、削減義務のない途上国も、それと同一歩調をとっていました。

筆者は当時、「米国や中国が参加せず、日本が不当に高いコストを強いられる京都議定書は、平成の不平等条約であり、第一約束期間が終了する２０１３年以降の枠組み交渉では同じ過ちを繰り返してはならない」と強く心に誓いました。また、環境交渉という形をとりながらも、実質的には、各国の経済的利害が激しくぶつかる経済交渉であるという構図を明確に認識することにもなりました。

ポスト2013年枠組みの合意と京都議定書からの訣別

２０００年以降、２桁《けた》の経済成長を続ける中国の排出量が急増し、２００６年には米国を超えて世界最大の排出国となりました。２００９年に民主党・オバマ政権に代わった米国も、中国が義務を負わない京都議定書に復帰しないとの方針を明らかにしていました。先進国のみが義務を負い、中国や米国が排出義務を免《まぬが》れている京都議定書では、地球温暖化問題を解決できないことは誰の目にも明らかでした。日本は、２０１３年以降の国際的枠組みは、「米国や中国を含むすべての主要排出国の参加する公平で実効あるものとすべき」との方針で交渉に臨みました。

京都議定書実施の１年目に当たる２００８年時点で、国連では２つの交渉が同時並行で行われていました。ひとつは、すべての国が参加し、温室効果ガス削減・抑制に努力する枠組みを構築するための交渉です。これは、気候変動枠組条約の下で行われている交渉であり、京都議定書から離脱した米国も参加しています。もうひとつは、京都議定書第二約束期間における先進国の削減目標を決めるための交渉です。こちらは米国不在です。先進国は、途上国にも温室効果ガス抑制に応分の努力を促《うなが》すため、前者の交渉を重視していましたが、途上国は、先進国のみが義務を負う京都議定書の延長を強く主張していました。

枠組み論と並んで大きな議論になったのが、2020年の温室効果ガス削減目標でした。自民党・麻生太郎政権では、日本だけが重い負担を負うこととなった京都議定書の苦い経験を踏まえ、日本の削減コストが欧米に比して不均衡に高くならないようにするため、複数のモデル分析に基づいて削減目標の選択肢をつくりました。そして、半年に及ぶ検討を経て2009年6月に2005年比15％減（1990年比8％減）という2020年目標を表明しました。しかし、その直後の2009年9月に民主党政権が誕生し、鳩山由紀夫首相は、同月の国連総会で1990年比25％減という新目標を国際公約として表明しました。当時、EUは1990年比20～30％減という目標を掲げ、環境NGOなどは「日本もそれに倣うべきだ」と主張していました。鳩山首相は、日本の削減コストの相対的な高さなどについて何の考慮も検討も行わず、目標を一気に引き上げたのでした。この目標は、「すべての主要排出国が参加する公平で実効ある枠組みの確立と意欲的な目標の合意」を前提条件としていましたが、中国などの途上国は、日本に対して京都議定書第二約束期間の下で25％削減目標を無条件でコミットすることを要求しました。また、日本に倣って目標を引き上げようという国はひとつもありませんでした。鳩山首相の25%目標は、まったくのひとり相撲に終わったことになります。実に愚《おろ》かしいスタンドプレイでした。

当時、首席交渉官のひとりであった筆者は、「日本が、このようなクレージーな目標を出してしまった以上、なおさら法的義務を伴う京都議定書第二約束期間に参加することは絶対不可」との思いを持ちました。外務省や環境省とも連絡をとりつつ、「いかなる条件、状況の下であっても京都議定書第二約束期間には決して参加しない」との政府方針を固めたうえで、２０１０年にメキシコのカンクンで開催されたＣＯＰ16で、その方針を表明しました。プロローグで述べた『化石賞』の第１位から第３位のぶち抜き受賞は、このときのことです。途上国や国内外の環境ＮＧＯは、「京都で生まれた京都議定書を日本が殺そうとしている」と日本を強く批判しましたが、日本政府代表団は、そうした圧力に屈せず、方針を貫きました。その結果、日本は、京都議定書第二約束期間には参加せず、米国や中国を含むすべての国が参加する枠組みとしてＣＯＰ16で採択されたカンクン合意に参加することになりました。

２０１０年のカンクン合意の基本的な枠組みは、先進国や途上国を問わず、すべての国々が温室効果ガス削減・抑制のための目標・行動を自主的に定め、これを国連事務局に登録し、その進捗状況を定期的に報告し、国際レビューを受けるというものです。先進国だけではなく途上国も温室効果ガス抑制のための行動を自主的に決定するという全員参加型の枠組みができたことは大きな成果でした。京都議定書においては、米国やEU、日本などの先進国の削減数値が交渉の主戦場になりましたが、カンクン合意では、目標数値は各国が自主的に定めることとし、むしろ目標に向けた進捗状況の報告やレビューといったプロセスを定めました。この基本的な考え方はパリ協定にも引き継がれています。第二約束期間への参加を拒否し、米国も中国も巻き込んだカンクン合意にのみ参加することにより、日本は、京都議定書の敗北の雪辱を果たしたのです。

パリ協定の採択

カンクン合意は２０２０年までの枠組みであり、２０２０年以降の枠組みについては白紙状態でした。このため、２０１１年に南アフリカ共和国のダーバンで開催されたCOP17において２０２０年以降の枠組み交渉を始めることが合意されました。４年にわたる厳しい交渉を経て、２０１５年にパリのＣＯＰ21で採択されたのがパリ協定です。そのエッセンスは次の３点に集約されます。

第一に、産業革命以降の温度上昇を1・5～２℃以内に抑制するよう努めることが盛り込まれ、そのため、21世紀後半のできるだけ早いタイミングで温室効果ガスの排出と森林などによる吸収のバランスをとる（これを「ネットゼロエミッション」もしくは「カーボンニュートラル」と呼びます）という地球全体の目標が盛り込まれました。

第二に、各国は国情に合わせ、温室効果ガスの削減・抑制に関する目標「ＮＤＣ：Nationally Determined Contribution」を設定して国連に通報するとともに、その実施状況を定期的に報告して専門家のレビューを受けることとなりました。各国の目標値は、5年に一度見直すこととされています。各国が自主的に目標を設定してプレッジ（対外表明）し、その達成状況をレビューすることから「プレッジ・アンド・レビュー」と呼ばれ、２０１０年のカンクン合意の考え方を踏襲しています。

第三に、２０２３年から5年に一度、地球レベルの目標に向けた進捗状況を評価する「グローバル・ストックテイク」と呼ばれるプロセスが盛り込まれました。各国が自主的に設定した目標を足し上げても、地球全体の温度目標が達成される保証はありません。

このため定期的に両者を比較し、各国の目標数値の改訂の参考にすることとされたのです。

パリ協定は、京都議定書と3つの点で大きく異なります、第一に、京都議定書が先進国についてのみ目標を設定したのに対し、パリ協定では先進国、途上国を問わず、すべての国が目標を設定する全員参加型の枠組みとなっています。第二に、京都議定書は目標値そのものを国際交渉で決め、議定書別表に書き込みましたが、パリ協定は各国が独自に目標設定を行うことになっています。第三に、京都議定書には、先進国の削減目標達成を法的義務にしており、目標未達の場合の罰則的な規定がありましたが、パリ協定では目標の設定・通報・進捗報告・レビューというプロセスは義務づけられているものの、目標が達成できなくても罰則のようなものはありません。

パリ協定は、京都議定書に比べると枠組みが緩やかであり、実効性が乏しいとの見方もあるかもしれません。しかし、このような柔軟な枠組みであるからこそ、米国や中国を含めすべての国の参加を得ることができたのです。枠組みの堅牢《けんろう》さに拘《こだわ》り、京都議定書のように一部の先進国しか参加しない枠組みになってしまったのでは意味がありません。パリ協定は妥協の産物でありましたが、考え得る最善の成果であったといえます。

トップダウン対ボトムアップ

　パリ協定が合意されたとき、京都議定書で散々苦労してきた筆者は、「これで全員参加型の現実的な枠組みが出来上がった」と大変うれしく思いました。特にボトムアップのプレッジ&レビューは、すべての国の参加を得るうえで非常に有意義なものでした。しかし、環境NGOをはじめとする環境派の人々は、パリ協定に産業革命以降の温度上昇を1.5～2℃以内に抑え、21世紀後半にネットゼロエミッションを目指すという地球全体の目標が明記されたことを高く評価していました。この目標がすべてに優先するものであり、各国の設定する目標は、温度目標達成に整合的なものでなければならないというのが彼らの発想だったのです。

　ボトムアップのプロセスによって、トップダウンで設定された温度目標が達成される保証がないからこそグローバル・ストックテイクを通じて、地球全体の目標と各国目標の総和を段々に収斂《しゅうれん》させていこうというメカニズムが盛り込まれたのです。パリ協定の持つトップダウンの性格（全地球温度目標）とボトムアップの性格（各国の自主的目標設定）の間の相克《そうこく》は、２０１８年に発表されたＩＰＣＣの『1.5℃特別報告書』によってさらに深まることになりました。この報告書では、1・5℃で温度上昇を安定化できれば2℃安定化に比して地球環境への影響をその分軽減することができる一方、地球全体の排出量を2050年頃にネットゼロエミッションにし、2030年には世界の排出量を現状から45%削減する必要があるとの絵姿が示されました。削減幅が大きくなる分、当然にコストもかかります。第1章でロンボルク氏がいった「政治家が実現不可能な目標を達成するために何が必要かを科学者に問えば、彼らは実現不可能な道筋を示す」とは、まさにこのことです。

加えて、UNEP（国連環境計画）が毎年『ギャップレポート』を発表し、パリ協定が目指す1・5～2℃目標を達成するために必要な世界全体の排出経路と、パリ協定の下で各国がプレッジした目標を足し上げた世界全体の排出経路とのギャップが極めて大きいと警鐘を鳴らしています。1・5℃目標を達成するためには、2030年時点で290億トンから320億トンの追加削減が必要であるとされています。

この報告書を受けて、国連やEU、環境NGOなどは、「各国は2050年ネットゼロエミッションにコミットし、そのために2030年目標を大幅に引き上げるべきだ！」と叫び始めました。これは、1・5℃目標達成を絶対視する発想に基づくものであり、産業革命以降の温度上昇を１・５～２℃以内に抑制する、21世紀後半のできるだけ早いタイミングでネットゼロエミッションを目指すというパリ協定の規定を踏み越えるものです。そもそも２９０億～３２０億トンというギャップは、中国の全排出量の３倍に当たります。今後10年間で、さらにこれだけの排出削減をすべきだという議論は、どう考えても非現実的です。

パリ協定は、トップダウンとボトムアップの両面のバランスを図るという設計になっていたのですが、最近の議論は、トップダウンで設定された温度目標、しかも最も野心的な１・５℃目標と、そのための２０５０年ネットゼロエミッションがいつの間にか事実上の規範になり、各国の実情を踏まえた目標設定という側面が隅に追いやられてしまっています。各国の実情の違いや他の政策目的の存在にかかわらず、１・５℃目標、２０５０年カーボンニュートラルを絶対視するのは、「環境原理主義」そのものであり、グレタ・トゥーンベリさんは、その象徴的な存在といえるでしょう。

第3章

「脱炭素教の巫女《みこ》」
グレタ・トゥーンベリと
環境原理主義

国連本部で開かれた気候行動サミットで演説するスウェーデンの16歳の環境活動家グレタ・トゥーンベリさん（米国・ニューヨーク）
出所：EPA＝時事

グレタ・トゥーンベリの登場

米国のタイム誌は毎年、その年の世界に大きな影響を与えた人物を『今年の人』として選出していますが、2019年に史上最年少で選出されたのは、スウェーデンの16歳の環境活動家グレタ・トゥーンベリさんでした。

グレタさんは2003年に生まれ、8歳のときに気候変動問題を知り、それ以来、この問題に強い関心を持つようになりました。15歳のときに授業を休み、スウェーデン議会の前で、より野心的な気候変動対策を求め、たったひとりの「気候のための学校ストライキ」を始めました。この抗議行動はメディアで広く取り上げられ、「未来のための金曜日」運動として、スウェーデン国内のみならず、世界各国に波及していきました。2019年9月には、全世界で760万人以上の若者たちが抗議行動に参加したといわれています。

彼女が世界にその存在を強く印象づけたのは2019年9月、アントニオ・グテーレス国連事務総長の招きで国連気候行動サミットに出席したとき、怒りに顔を歪《ゆが》めながら行った「人々は苦しんでいます。人々は死んでいます。生態系は崩壊しつつあります。私たちは、大量絶滅の始まりにいるのです。なのに、あなた方が話すことは、お金のことや、永遠に続く経済成長というおとぎ話ばかり。よく、そんなことが言えますね（How dare you!）」と言う演説でした。

彼女は、今や世界のメディアの寵児《ちょうじ》であり、彼女のことを『21世紀のジャンヌ・ダルク』と呼ぶ人たちもいます。「各国の対策は生ぬるい、もっと野心的な行動をすべきだ」と言う彼女の主張自体は、これまで環境ＮＧＯが掲げてきたスローガンと変わるところはありません。しかし、地球温暖化問題は世代間の問題でもあります。現在の経済活動を支えるため、エネルギーを大量に消費し、地球温暖化が進行すれば、その悪影響を被るのは将来世代の人々になります。グレタさんの抗議活動は、将来世代の若者が現在世代のリーダーたちを糾弾するものであったため、これまでにない関心を引き起こすことになったのです。グレタさんは、世界の環境ＮＧＯの強力な広告塔になりました。

グレタ対トランプ大統領、プーチン大統領

彼女に対する世界の評価はおしなべて肯定的であり、彼女に対して批判的なことを言

おうものなら、バッシングを受けそうな雰囲気すらあります。パリ協定から離脱した米国のトランプ大統領が国連総会に現れたとき、彼をすごい眼で睨《にら》むグレタさんの写真が大きく取り上げられました。グレタさんが『今年の人』に選ばれたことを受けてトランプ大統領が「すごくバカげている。グレタは自分の怒りをコントロールして友人と一緒に古き良き映画を観に行くべきだ。落ち着け、グレタ」とツイートすると、グレタさんは自分のツイートの自己紹介文を「自分の怒りのコントロールに取り組む10代。現在は落ち着いて、友人と古き良き映画を観ている」と皮肉たっぷりに返しました。ロシアのプーチン大統領が「グレタの発言に感動する人たちに共感はしない。誰も彼女に世界の複雑さや多様性を教えなかったのだろう。途上国に太陽光発電を強要した場合、コストの問題はどうなるのか。優しくて誠実な女の子だが、情報に乏しい」と批判すると、「優しいが情報に乏しい10代」と応じました。リベラル色の強いメディアの世界で悪玉視されるトランプ大統領、プーチン大統領が「純粋な理想に燃える環境少女」を批判すれば、メディア報道がグレタさんに一方的に肩入れすることは目に見えています。

2019年12月にスペインで開催されたCOP25で最大の人気者だったのはグレタさんでした。彼女が会場に現れると、メディアや実物の彼女をこの目で見ようという野次馬がカメラやスマートフォンを片手に殺到しました。彼女には警備がつき、会場に特別な控え室まで設けられました。彼女の参加するサイドイベントに何度か足を運びましたが、いつも立ち見状態でした。それにしても彼女の行くところ、どこも黒山の人だかりで、皆、彼女の言葉に一心に耳を傾けている光景は、あたかも「脱炭素教の巫女」の言葉に跪《ひざまず》く信者のようで異様なものを感じさせました。

グレタさんが、ＣＯＰ25にソーラーパネル付きのヨットでやってきたことも大きな話題になりました。CO_2を多く排出する飛行機に乗ることは地球温暖化に加担することになるという彼女の信条を踏まえたものですが、筆者には、浮世離れしたスタンドプレイにしか思えませんでした。海外出張する人が皆、グレタさんのようにのんびりと贅沢《ぜいたく》なヨット航海をする時間的・金銭的余裕があるでしょうか。環境運動の広告塔として潤沢なスポンサー資金に恵まれてこそできることです。しかも、彼女のヨット旅行を支えるため、スタッフや船長が飛行機を使っていたのですから、まったくカーボンニュートラルになっていません。

欧州における環境原理主義の起源

グレタさんが体現し、世界を席巻《せっけん》している環境原理主義の起源は欧州にあります。環境に特化した緑の党の政治的影響力が強いのも欧州特有の現象です。ドイツの緑の党は今や一大政治勢力であり、シュレーダー政権では、社民党とともに連立政権を形成し、再生可能エネルギー法や脱原発などの政策を推進してきました。

日本や米国に比べ、欧州ではなぜ、環境原理主義的傾向が強いのでしょうか。グレタさんの出身国であるスウェーデンを筆頭に、欧州は一人当たりの所得が高い成熟社会であり、生活レベルの向上や経済成長よりも環境価値に関心が高い、換言すれば「衣食足りて礼節を知る」という点はあるでしょう。先住民の征服と自然を切り拓いて国を形成してきた米国と異なり、自然は共生対象という意識が相対的に高いともいえます。

ドイツの根強いエコロジー志向について、読売新聞社元ベルリン特派員の三好範英氏は、その著書『ドイツリスク：「夢見る政治」が引き起こす混乱』の中で「ドイツ人の自然に対する強い思い入れは18世紀末のロマン主義にさかのぼり、ドイツ青年運動、ナチズムから現代の環境保護運動や緑の党にまでつながっている。ドイツロマン主義は、自然と共感しなければ自然を知ることはできないという神秘主義を核としている。自然を理想視するこうしたドイツ人の魂のあり方は、理性よりも感性を重んじる『夢見る人』の性向、経験論的に情報を集めて冷静に分析するよりも非合理的情動に依拠して行動を急ぐ姿勢につながる」と指摘しています。

キリスト教一神教文化も影響を与えているでしょう。欧州の環境関係者の発言、行動からは、「自分たちこそが地球環境のことを考えており、世界に範を示すとともに、他国を導かねばならない」という唯我独尊性を感ずることがしばしばあります。かつて十字軍を派遣して異教を征伐し、キリスト教布教のために世界中に宣教師を派遣した熱意を彷彿《ほうふつ》とさせられます。環境原理主義者は彼らの主張に疑念を差し挟む人を「気候懐疑派」として糾弾することが通例ですが、異なる意見に対する寛容度の低さは中世の異端審問と通ずるものがあります。

環境原理主義と全体主義、社会主義の親和性

英国メージャー政権時代、大蔵大臣補佐官を務めたジャーナリストのルパート・ダー

ウォール氏は、その著書『Green Tyranny（緑の専制）』の中でナチズムと環境保護運動の関わりを指摘しています。意外なことですが、ナチスは、環境保護運動や嫌煙運動、健康志向運動を強力に推し進めた最初の政権でした。風力発電所が初めて国家的プロジェクトとして推進されたのもナチス・ドイツです。ダーウォール氏は、「ナチズムには、合理主義や資本主義に対する根強い敵意があり、人間の行動様式を自然の法則に従わせるよう政府の力で改変しなければならないという発想がある。ナチズムから民族差別や軍国主義、世界征服の野望を差し引き、地球温暖化を付け加えれば、ほぼ今日の環境原理主義とイコールである。環境原理主義と社会主義もつながっている。ドイツ緑の党の創設メンバーは、過激な新左翼であり、緑の党は、反核運動や反原発運動、平和運動を国内で推し進め、東西冷戦下、欧州と米国の分断を狙うソ連にとって便利な存在であった」と述べています。

ソ連が崩壊した1990年以降、マルクス主義の退潮と期を一にして地球温暖化を中心とした環境原理主義が大きく盛り上がってきます。地球環境保全という誰も否定できない錦の御旗を立てれば、資本主義の権化ともいうべき企業を遠慮会釈なく攻撃できます。温室効果ガス削減のために企業や工場の排出を管理し、排出量を割り当てるという発想は、計画経済的・社会主義的であると同時に、自然に合わせて人の行動変容を求めるという点は、かつてのナチズムとも共通しています。「民主社会主義者」を自称するバーニー・サンダース上院議員やアレクサンドラ・オカシオ＝コルテス下院議員など、米国の民主党内の左派・プログレッシブの人々が過激な環境原理主義者であること、「新書大賞２０２１」を受賞するなどベストセラーとなった『人新世の資本論』の著者、大阪市立大学准教授の齋藤幸平氏が環境保護のために社会主義的手法を提唱していることは偶然ではありません。地球環境保護という大義名分は、社会主義的・全体主義的理想を実現するための論拠としてこれからも息長く使えます。「環境活動家はスイカである」という「なぞかけ」があります。その心は「外側は緑だが中は赤い」――。なかなか言い得て妙ではありませんか。

気候産業複合体の存在

環境原理主義は、今や単なるイデオロギーではなく、一大利益共同体を形成しています。福島第一原子力発電所事故以後、日本には原子力をめぐる利益共同体「原子力ムラ」があるとの批判が巻き起こりましたが、地球温暖化をめぐる利益共同体は、原子力ムラとは比較にならないほど強固な存在であり、ダーンウオール氏は、これを「気候産業複合体」と呼んでいます。彼の見立ては次のようなものです。

- 気候産業複合体は、政治家や官僚、学者、環境活動家、再生可能エネルギー産業、ロビイスト、メディアなどから成り、その人的ネットワークを通じて政府の施策に影響力を及ぼしている。
- 彼らは、地球温暖化のリスクを煽り、再生可能エネルギーなどの地球温暖化対策の便益を過大評価、コストを過小評価することにより、風力や太陽光への巨額な再生可能エネルギー補助金を誘導している。
- グリーンピースや気候ネットワークなどの環境NGOは、気候産業複合体の尖兵であり、科学的・技術的合理性ではなく、恐怖と感情に基づいて、化石燃料や原子力を攻撃し、再生可能エネルギーのみを推奨している。
- 環境意識の高い米国西海岸では、IT（情報技術）長者やヘッジファンドが環境NGOや気候学者に膨大な資金を供給している。米国で貧富の差の最も大きい西海岸の富裕層にとって、環境分野への支援は自分たちの富への攻撃を避ける免罪符である。

・潤沢な研究資金に支えられ、学界では気候変動の危機を煽り、野心的な行動を求める一方、対策コストを過小評価するような論文が次々に生産されている。それがＩＰＣＣの報告書に引用され、科学はますます偏った方向に進む。
・メディアは、地球温暖化の恐怖を煽ることにより、視聴者数や購読者数を増やすことができる。「気候変動は進んでいるが、そのメカニズムや影響には解明されていない点がある。地球温暖化にはマイナスの面もあるがプラスの面もある」といったパンチのない報道よりも、「気候変動は進んでいる。山火事も台風も洪水も気候変動によるものだ。２０５０年までにカーボンニュートラルを実現しなければ人類は滅亡する。それを防ぐにはあと10年しかない」といったセンセーショナルな報道のほうが読者への訴求力は圧倒的に強い。

これに金融界も加担しています。環境ＮＧＯは、化石燃料の生産や利用に関わる活動に対する融資実績が大きい金融機関を具体的な企業名を挙げて批判してきましたが、最近では、金融機関や投資家が化石燃料関連活動から資本を引き上げるダイベストメントの動きが活発化しています。それと反対にＥＳＧ（環境・社会・企業統治）投資は、年々大きく拡大を続けています。中でも再生可能エネルギーについては、ほとんどの政府が膨大な補助金を付け、購入義務づけをしていることもあり、利益が確実に見込める投資として莫大な投資資金が流れ込んでいます。炭素制約が強まり、炭素クレジットや非化石価値が取引されるようになれば、それを媒介する金融セクターが潤うことになります。

政界や学界、活動家、再生可能エネルギー産業、メディア、金融が、それぞれ環境原理主義的な風潮から利益を受けるなかで、気候産業複合体は、今や各国の政策を左右する存在になっているのです。

環境原理主義は世界を不幸にする

グレタさんがたったひとりで始めた抗議活動が世界に広がったことは、地球温暖化問題に対する人々の問題意識を高めることになりました。けれども、筆者は、彼女が体現する環境原理主義は結果的に世界を不幸にすると考えています。

①世界が直面する問題の多様さ、国ごとの事情の違いを無視している

世界には地球温暖化以外にもさまざまな問題があり、環境原理主義のように地球温暖化防止という切り口だけで世界を律することはできません。グレタさんは、「自分にとってほとんどのことが白黒どちらかである」と語っています。「1・5℃目標達成にコミットするのか否か」という彼女の二者択一的な問いかけは、その典型でしょう。けれども、ある政策目標を追求することが別な政策目的との間で相克を生ずることはしばしばあります。特に「あなた方が話すのはお金とか経済成長というおとぎ話ばかり。よく、そんなことが言えますね」と言う彼女の発言には強い疑問を感じました。国連総会に出席していたのは、彼女の出身国スウェーデンのような豊かな国のリーダーばかりではありません。圧倒的多数は貧しい国々であり、彼らにとって貧困撲滅や飢餓の撲滅、教育の充実、雇用機会の確保、ヘルスケアの改善などが最も重要な課題であり、そのためには何よりも経済成長を必要とします。世界で最も豊かな国に生まれ育った彼女が「経済成長というおとぎ話」と言い放つのは傲慢《ごうまん》ですらあります。「世界の複雑さや多様性がわかっていない」と言うプーチン大統領のグレタさん評は本質をついています。

ＣＯＰ25の際、インド産業連盟の関係者と話す機会がありましたが、彼女は、グレタさんなどの環境活動家が化石燃料排斥運動をしていることについて、「インドは、パリ協定を支持するが、成長を犠牲にすることはしないし、2050年カーボンニュートラルにコミットする用意もない。インドには、絶対貧困線以下で暮らしている人が数億人おり、生活レベルが上がれば、石炭や石油、天然ガスの消費は必然的に増大する。インドは、再生可能エネルギーを大量に導入しているが、エネルギー需要全体が急増しているため、石炭消費の絶対量は減少しない。石炭火力発電所の多くは老朽化しており、より効率的な石炭火力へのリプレース（建て替え）が必要である。先進国の主張により、石炭火力への融資が制限されれば、古い石炭火力が使われ続けることになるだろう。インドにとっては、17のSDGs（持続可能な開発目標）のすべてが重要なのだ。グレタさんには、毎日の水の確保にも苦労している人の実態を見てもらいたい」と言っていました。国連総会でグレタさんの「よく、そんなことが言えますね」のスピーチを聞いていた途上国のリーダーたちも、似たようなことを感じていたのではないでしょうか。

②リソース配分を歪める

気候変動に過度に焦点をあてることは、飢餓や貧困、教育、保健、エネルギー供給など、その他の課題への取り組みを劣後させることになります。貧しい国が地球温暖化に対応するためにはまず経済力をつけ、地球温暖化に対する強靭《きょうじん》性を向上させることが必要です。１９２０年代には、世界で年間50万人近い人が気候変動に起因する災害で死亡していましたが、現在では2万人以下です。これは、世界全体が豊かになり、適応能力を高めたからです。グレタさんは、「経済成長なんて」と言いましたが、経済成長こそ地球温暖化に対応する体力をつけるうえで重要なのです。「経済成長はもう十分だ。これからは地球温暖化防止だ」というのは豊かな先進国の価値観であり、途上国に対してそれを強制することは偽善的であり、一種の帝国主義ではないでしょうか。

③エネルギーコストの上昇は低所得層を苦しめる

多くの環境活動家は、資本主義による所得格差の拡大を強く批判しているのに、彼らの求める施策は、安価なエネルギーへのアクセスを制約し、世界の貧困層に重い負担をもたらすことになります。エネルギーコストが上昇すれば、低所得層は寒さを我慢するか、他の用途への支出を減らさねばなりません。他方、高所得のエリートにとっては、エネルギーコストの上昇がもたらす影響は微々たるものです。かつて作曲家の坂本龍一氏は、原発停止による電気料金上昇の懸念に関して「たかが電気のために」と言い放ちましたが、セレブの彼にとって電気料金の上昇など問題ではないのでしょう。屋根上ソーラーにせよ、電気自動車にせよ、環境原理主義者が主張する政策で経済的便益を受けるのは富裕層です。グレタさんがすべての化石燃料関連投資の差し止めを求める公開書簡を発出したとき、賛同者には、レオナルド・ディカプリオ氏やラッセル・クロウ氏など、名だたる俳優やアーティストが名前を連ねました。自らはセレブとして豊かで安楽な暮らしをしながら、貧しい人の生活水準に必須のエネルギーの選択肢を奪うかのような提言に名前を連ねるのは偽善に思えてなりません。

④合理的な費用対効果分析を欠いている

環境原理主義に基づく政策は、ほとんどの場合、冷静な費用対効果に基づく政策評価を欠いています。気候変動の損害ばかりが喧伝《けんでん》されていますが、気候変動対策の費用が貧困層に悪影響を与えることを忘れてはいけません。CO_2排出は、安定的で安価なエネルギー供給、それに支えられた食糧生産や暖冷房、交通の副産物でもあります。エネルギーアクセスを高価で不安定な再生可能エネルギーに限定すれば、エネルギーコストの上昇と経済成長の減退を招きます。ロンボルク氏は、「最も合理的なのはCO_2排出をある程度削減はするが、ゼロにしようとしないことだ。例えば、世界全体で１トン当たり20ドル（約２２００円）程度の炭素税を導入し、ゆっくりと引き上げていけば、それによる追加的なコストはＧＤＰの０・４％程度である一方、地球温暖化防止による便益（被害の防止）は０・８％程度なので、合理的な政策判断である。他方、環境活動家が求めるようにCO_2を短期間の間にゼロにしようとすれば、コストは世界のＧＤＰの３〜４％に達し、得られる便益は１％程度である」と指摘しています。「温室効果ガス削減は多ければ多いほどよい」というのは、コストを無視した議論であり、公共政策の方法論として落第です。

⑤異論に対して徹底的に不寛容である

環境原理主義者は、「科学に基づく絶対正義」を体現し、自分たちの意見に異を唱える人々を「地球温暖化懐疑論者・否定論者」として徹底的に排除します。彼らのいう「懐疑論者・否定論者」は、「地球温暖化は起きていない」、「地球温暖化は起きているがCO_2が原因ではない」という論者のみならず、ロンボルク氏のように「地球温暖化は生じており、その原因は温室効果ガスであるが、地球温暖化対策に過大なリソースを割くことはバランスを欠いている」といった論者も含まれます。

筆者は、地球温暖化が温室効果ガスによってもたらされているというＩＰＣＣの結論を受け入れています。同時に天動説と地動説の事例を持ちだすまでもなく、科学は多数決で決めるものではないので、「温室効果ガスが主因ではない」という議論も頭から排除はしません。また、温室効果ガスが地球温暖化の原因であるとしても、温室効果ガスの蓄積量がどの程度の温度上昇をもたらすかについては、専門家の間で見解が分かれています。その値によって、ある温度目標を達成するために求められる排出削減の軌跡もまったく異なってきます。地球温暖化防止にどの程度のコストをかけるのか、得られる便益とのバランスはどうなのかなども多様な議論があって然《しか》るべきです。

しかし、グレタさんのような環境原理主義者は、１・５℃目標を絶対視し、特定の前提に基づく排出削減必要量を絶対視し、その障害になるものを徹底的に排除します。筆者がポスト京都国際枠組みの交渉に関与している際、「先進国の２０２０年の排出削減目標を１９９０年比25～40％削減すべきだ。これはＩＰＣＣの科学の要請だ」という議論が途上国や環境団体から声高に主張されました。この数字は、ＩＰＣＣの報告書で紹介された論文に掲げられたものであり、ＩＰＣＣ自身の勧告でも何でもないのですが、この数字に反論すると「科学の要請に背を向ける」と批判を受け、『化石賞』も何度となく受賞することになりました。科学が政治的な議論の道具になっているのです。

　世界がコロナ禍の真っただ中にあった2020年7月、グレタさん他4名の環境活動家が連名で世界の指導者たちに対して「直《ただ》ちにすべての化石燃料開発・採掘投資をやめ、化石燃料から完全に資本を引きあげよ。エコサイド（環境虐殺）を国際刑事裁判所で国際犯罪として裁くようにせよ」との公開書簡を発出しました。こうなると環境原理主義を通り越して「環境全体主義」、あるいは「エコファシズム」ではないかとすら感じます。化石燃料は温室効果ガスを発出する一方、安価で安定的なエネルギー供給を通じて世界の人々の生活水準を向上させてきたことも厳然たる事実です。それがこの書簡では、化石燃料関連企業は一方的に犯罪者扱いされています。一体どの法律や条約を根拠に、どのような基準で刑罰を下そうというのでしょうか。こうした傾向が進めば、早晩、「地球温暖化対策への懐疑論はエコサイドへの加担に等しい」という議論にも容易につながってきます。

　繰り返しになりますが、地球温暖化は現実に生じている問題であり、温室効果ガスの削減が必要であることは論を待ちません。しかし、多くの課題を抱える現代社会において、地球温暖化防止をすべてに優先する環境原理主義の主張は、自由を愛し、豊かで快適な生活を求める人間の本質と相いれない要素を多分に有しています。地球温暖化防止のことばかり考えている環境活動家の場合はそれでよいでしょうが、それが政策形成を支配することがあってはなりません。中世の異端審問やイスラム原理主義など、古来、異端を排除する原理主義が人間を幸福にした験《ため》しはないのですから。

第 4 章

「地球温暖化防止のリーダー」欧州の実像

気候変動対策「欧州グリーンディール」を公表する EU（欧州連合）欧州委員会のフォンデアライエン委員長（ベルギー・ブリュッセル）
出所：AFP ＝時事

EUのしたたかな交渉戦術

日本のメディアや文化人には、「外国に比べて日本は遅れている」という自虐的、舶来志向が強いのですが、とりわけ環境問題では「欧州（ドイツ）に比べて日本は……」との議論が目立ちます。

欧州が1990年代以降、地球温暖化防止を前面に出してきた背景には、欧州の影響力拡大という野心があります。冷戦終結によって国際社会が対立から協調に向かうという期待感のなかで、国際協調を進める大義として地球温暖化問題がクローズアップされ、米国に対抗する一大政治・経済共同体として発足したEUが、この分野で主導権をとろうとしたことは間違いありません。通商と並んで国境を超えた問題である地球温暖化問題は、欧州統合の推進と欧州委員会の権限強化にとって格好の政策課題なのです。緑の党をはじめとする欧州の環境政党が欧州統合を支持しているのに対し、フランス国民連合（旧国民戦線）、ドイツのための選択肢、リフォームUK（旧ブレクジット党）など、欧州統合に懐疑的な政党が欧州委員会主導の地球温暖化対策に批判的なのは、それが背景です。

第2章で述べたように、欧州は地球温暖化問題で「良い格好」をしやすい立場にありました。京都議定書交渉においてEUは、東西ドイツ統合と英国の燃料転換という「棚ぼた」を最大限活用して徹底して良い格好をしました。米国も日本もとても飲めないということを見越したうえで15%減を主張し、結果的にEU８%減、米国７%減、日本６%減でまとまったのはEUの狡猾《こうかつ》な戦略の勝利でした。８%削減は、追加的努力を何もせずに達成できるうえに「自分たちはもっと高い目標を主張したが、それを邪魔したのは米国と日本だ」と胸を張ることができたのです。

ポスト京都議定書交渉においてもEUは有利な状況にありました。EUは、２０００年代前半にポーランドやチェコ、ハンガリーなどの東欧諸国を加盟させました。非効率な工場や発電所が多い東欧諸国の１９９０年当時の排出量は高かったため、１９９０年基準年を適用する限り、工場や発電所の近代化で削減される排出量がボーナスになるからです。ポスト京都議定書交渉においてEUは、２０２０年目標として１９９０年比20%削減を掲げましたが、「東欧効果」を除けば追加的削減は微々たるものであり、楽に達成できるレベルだったのです。このため、EUは相変わらず楽をしながら米国や日本に比して良い格好を続けることができたのです。

EU域内の不協和音の顕在化

しかし、こんな戦術をいつまでも使えるものではありません。東欧諸国も共産主義崩壊直後の経済混乱を潜り抜け、経済成長に転じています。このため、パリ協定を念頭に2030年目標を議論する際には、EU内で地球温暖化防止に熱心な西欧・北欧諸国と東欧諸国の意見対立が顕在化しました。一人当たり所得が西欧・北欧諸国よりも低く、石炭依存度が高いポーランドやハンガリーなどは、EUの目標引き上げは自分たちの経済成長の阻害になるとの理由で反対に回りました。特に人口も多く東欧諸国の兄貴分的な存在であるポーランドは、欧州委員会が提案する削減目標や省エネ目標、再生可能エネルギー目標にことごとく反対し、環境NGOや緑の党の強い批判を受けることになりました。このため、1990年比40%減という2030年目標を2014年に合意するにあたって、西欧・北欧諸国よりも削減目標を緩くする、経済構造調整への資金援助を行うなど、東欧諸国への配慮を盛り込むことになりました。東欧諸国の加盟によりEU内の合意形成は難しくなりましたが、地球温暖化問題では声の大きい西欧・北欧諸国が東欧諸国への資源再配分などをエサに自らの主張を通しています。

環境先進国ドイツの虚像と実像

ＥＵの中でもメディアが好んで取り上げるのはドイツです。日本と同じような産業国家でありながら、脱原発や再生可能エネルギー推進を掲げており、環境原理主義者からすればこのうえもないモデルになるからです。事実、福島第一原子力発電所事故以降、日本はドイツに倣ってＦＩＴ（再生可能エネルギーの固定価格買取制度）を導入しました。しかし、環境先進国とされるドイツには、メディアで報じられない不都合な真実があります。

２０２３年までの脱原発を掲げ、原発の廃止を段階的に進めているものの、出力の不安定な再生可能エネルギーで原発の発電量を代替することは到底できず、電力需給安定のために国産褐炭を燃料とする石炭火力発電所を新設せざるを得ませんでした。その結果、CO_2排出量は、東西ドイツ統合直後の減少傾向が頭打ちになり、２０２０年に１９９０年比40％減という削減目標は実現不可能と白旗をあげました。「神風」のようなコロナ禍で２０２０年目標は結果的に達成できたのですが、それは削減努力とは無関係です。

さすがに原発を石炭が代替するのでは意味がないということで2年以上かけて議論した結果、２０３８年にすべての石炭火力をフェーズアウト（段階的廃止）することを決めました。しかし、産炭地域への補償、石炭火力の早期閉鎖を強いられる電力会社への補償、電気料金上昇に直面するエネルギー多消費産業への補償なども含め、納税者は20年間で10兆円を超える負担を強いられることになります。原子力と石炭火力という安価なベースロード電源を2つとも手放して今後のドイツの電気料金がどうなるか、注目されるところです。

ＦＩＴによってドイツでは、再生可能エネルギー導入が大きく進み、総発電量の４割を占めるまでに至りましたが、同時に国民負担は大きく拡大し、変動性再生可能エネルギーの導入拡大に伴う送電網拡張費用も含めると、ドイツのエネルギー転換の総コストは、２０２５年までに59兆円に達すると見通されています。

しかもドイツは、産業競争力を維持するため、再生可能エネルギー賦課金の大幅減免により産業用電気料金を低く抑える一方、その分を家庭用電気料金に上乗せしています。ドイツの家庭用電気料金は、２０００年から２０２０年までの20年間で2倍になり、欧州で最も高いものになっています。この結果、ドイツでは６人に１人の割合でエネルギー支出が家計の10％以上を占める「エネルギー貧困」の状態にあるといわれています。

ドイツで今、導入が進んでいるのは風況の良い北海沿岸にある洋上風力ですが、これを産業が集積したドイツ南部に送るための送電線の建設は住民の反対運動によって一向に進んでいません。このため、風が強い時期に北部での風力発電量が過剰になると、近隣国（オランダやポーランド）の送電網に流し込み、近隣国の送電網管理当局は、需給バランス維持のため、他の電源の出力調整を強いられています。逆に、風が吹かず、国内で電力が足りなくなった場合は、近隣国から電力を輸入しています。その中には、ドイツが排除した原発からの発電量が7割を占めるフランスからの電力も含まれています。要するにドイツのエネルギー転換は、送電網を通じて近隣国に依存することで成り立っているのです。

日本で何かと持ち上げられるドイツですが、その内情は課題山積です。そもそもグリッドで周辺国と結ばれ、変動性再生可能エネルギーの出力変動に伴う過不足分を近隣国との電力輸出入で補えるドイツと、島国で近隣国との接続のない日本を比べて「ドイツを見習え！」というのは議論の立て方が根本的に間違っています。

欧州グリーンディール

各国議会や欧州議会において環境政党が議席を伸ばしていること、グレタ・トゥーンベリさんの影響で若者運動が盛り上がっていることなどを背景に、近年、ＥＵの環境原理主義的傾向はさらに強まっています。２０３０年以降の枠組みがパリで合意されたこともあり、パリ協定の目標達成に向けて欧州が中心的役割を果たすのだという意気込みもあるのでしょう。ＥＵは、他国に先駆けてパリ協定の温度目標で最も野心的な1・5℃安定化と、そのための２０５０年全球カーボンニュートラルを強く主張してきました。２０１９年12月に欧州委員長に就任したフォンデアライエン前ドイツ国防大臣は、自らの政策目標の一丁目一番地として、欧州を世界で最初のカーボンフリー大陸にすべく、次の内容を柱とする欧州グリーンディールを打ち出しました。

- ＥＵＥＴＳ（ＥＵ排出量取引制度）を、工場や発電所などから海運・航空、運輸、建設部門に拡充する
- ＷＴＯ（世界貿易機関）ルールと整合的な国境炭素調整措置を導入する
- 地球温暖化対策の推進によって痛みを受ける産業、地域への配慮のための「公正な移

行基金」を創設する

- グリーンファイナンス戦略と持続可能な欧州投資計画〈今後10年間に1兆ユーロ〈約130兆円〉の投資支援〉を策定する。このため、欧州投資銀行を改組し、欧州気候銀行を創設する
- 2030年までの温室効果ガス排出削減目標を現行の1990年比40％削減から50〜55％削減へと引き上げる
- 2050年にカーボンニュートラルを達成する

EUETSは、産業や発電など、温室効果ガス排出量の多いセクターに排出枠を設定し、その枠を段々に厳しくしていくというものです。実排出量が排出枠を下回れば、余剰分を売却することができ、実排出量が排出枠を上回れば、市場で排出クレジットを購入することが求められます。2005年の導入以来、さまざまな見直しを加えつつ、世界最大の排出量取引市場を形成しています。グリーンディールでは、この制度の対象範囲を航空・海運や運輸部門、建設部門にも広げるというものであり、あとで述べる炭素国境調整措置も排出量取引市場の炭素価格が適用されます。

2020年12月には、ポーランドなどの反対を押し切り、2030年目標を「1990

年比少なくとも55％」に引き上げることを首脳レベルで決定しました。この目標を達成するため、2021年7月には、欧州委員会が排出量取引の海運への拡充、道路交通やビルを対象にした新たな排出量取引制度の創設、炭素国境調整措置の導入、2035年までにすべての内燃自動車の販売禁止、最終消費に占める再生可能エネルギーシェアを40％に引き上げなどを内容とする『包括的パッケージ「Fit for 55」』を発表しました。しかし、その過激な内容には複数の欧州委員が反対し、欧州自動車工業会などは「技術革新の可能性を閉ざし、消費者の選択の自由を制限する」と反発しています。加盟国政府や産業界との調整は紆余曲折が予想され、国境調整措置には貿易相手国からも強い反発が起きるでしょう。

EUタクソノミーとその問題点

欧州グリーンディールの中で特に注目されるもののひとつがグリーンファイナンス戦略です。2016年に筆者が英国王立国際問題研究所主催のワークショップに参加した際、環境NGOの人々は、「これからは温室効果ガス削減に貢献する技術、セクターに資金を回すようにし、化石燃料の生産、消費にお金が回らないようにしなければならない」と言っていました。グリーンファイナンス戦略の考え方は、それを実践するためのもので、さまざまな経済活動をグリーンなものとそうでないものに色分けするタクソノミー（分類）をつくろうとしています。欧州議会の審議を経たタクソノミー案をみると、石炭火力発電所は、どんなに効率が良くても無条件でアウト（グリーンではない）とされ、石炭火力よりもCO_2排出が少なくクリーンであるとされてきた天然ガス火力についてもＣＣＵＳ（CO_2回収・有効利用・貯留）設備の付いていないものはアウト、ハイブリッド自動車もアウトという非常にグリーンなものになっています。CO_2を排出しない原子力の扱いについては、ドイツなどの反原発国がグリーン活動からの除外を主張する一方、フランスやポーランドなどのように原子力を脱炭素化の手段と位置づけている国々は、対象に入れることを主張しています。グリーンタクソノミーに入らない活動は、グリーンボンドの発行基準を満たさないとされるため、今後の資金調達にもマイナスの影響がでてきます。

この動きに注目すべき理由は、この基準が欧州域内にとどまらない可能性があることです。欧州は発信力が強く、欧州標準は世界標準になりやすい傾向があります。現にＥ

Uは、この基準をＩＳＯ（国際標準化機構）の場で世界標準にすることを企図しています。しかし、現在の案では、化石燃料依存が未《いま》だに高く、これからエネルギー需要、電力需要が急増し、世界の地球温暖化動向の帰趨《きすう》を握るアジアの発展途上国の実情とかけ離れています。

炭素国境調整措置とその問題点

今後の国際政治経済に大きな影響を与えると思われるのが炭素国境調整措置です。ＥＵ域内で目標レベルを引き上げれば、必然的に域内産業の負担するエネルギーコストも上昇し、ＥＵよりも野心レベルの低い他地域との関係で国際競争上不利となり、産業・雇用の流出を招く可能性があります。このため、輸入品については、製造過程で排出されたＣＯ$_2$排出量に応じて課税、もしくは排出枠の取得の義務づけを行い、域内産業との同等の条件を確保しようというものです。

欧州委員会は、域内産業を国際競争から守るため、これまではＥＵ排出量取引の下で排出枠の無償配賦を行ってきました。一種の免税措置といえるでしょう。今後は、炭素国境調整措置導入の代わりに無償配賦を有償のオークションに差し替え、欧州グリーンディールの財源を確保しようというのが欧州委員会の算段です。

環境派の人たちは、地球温暖化対策を強化すれば新しい技術や産業、雇用が生まれ、経済成長にとってプラスであるという夢のようなストーリーを語ります。それが本当ならば、炭素国境調整措置など不要のはずです。京都議定書からパリ協定に至るまでの地球温暖化交渉もあれほど難航するはずがありません。地球温暖化対策によるグリーン成長という高い理想を掲げるEU自身がこのような対策を講じざるを得ないことは、地球温暖化問題をめぐるタテマエと実態の乖離《かいり》を示す象徴的事例といえます。

炭素国境調整措置のもうひとつの狙いは、タクソノミーと同様、EUスタンダードの海外輸出です。輸出国がEUと同じような政策を導入し、同程度の地球温暖化対策コストを負担すれば、炭素国境調整措置の適用を免れることになります。それにより、他国の政策変更に影響力を行使できることになります。

しかし、炭素国境調整措置には多くの難しい課題があります。まず、WTOルールとの整合性です。GATT（関税及び貿易一般協定）上、「有限天然資源の保護」のための貿易制限的措置を認めていますが、「恣意《しい》的、もしくは正当と認められない差別待遇や国際貿易の偽装された制限」にならないことが条件であり、気候変動枠組条約でも同様の規定があります。炭素国境調整措置を適用されれば、輸出国はこれに強く反発し、WTO違反であると主張するでしょう。既に中国やインド、ロシアなどが反対の声をあげています。

輸入品に対価されたCO$_2$排出量に基づき、調整額を計算することも容易ではありません。欧州委員会は、CO$_2$計算が比較的容易な鉄鋼やセメント、電力を対象にするとしていますが、野心レベル引き上げに伴うコストアップの影響は全産業に及びます。自動車のようにグローバルなサプライチェーンを有する組み立て製品の場合、各段階や各地における投入エネルギーのCO$_2$原単位を計算することが必要となりますが、非常に煩雑《はんざつ》な計算を要し、実務上不可能です。つまり、炭素国境調整措置を実際に導入できる分野には限界があり、域内産業の産業競争力を守る万能薬にはならないということです。

EUの産業界の見方も一枚岩ではありません。鉄鋼業界は、炭素国境調整措置の導入と引き換えに、排出量取引制度の下での無償配賦を廃止することに反対しています。しかし、無償配賦を継続しつつ、炭素国境調整措置を導入すれば二重の保護になり、WTO違反になることは確実です。ドイツ自動車工業会やドイツ商工会議所などは、WTO

との整合性、報復措置の懸念、CO_2含有量の計算の難しさなどを理由に炭素国境調整措置に慎重な姿勢を示しています。炭素国境調整措置が導入されれば、炭素集約度の高い中国やインドからの輸入品を対象にしないわけにはいかず、報復を受ける可能性もあります。特に中国は、ドイツにとって最大の輸出相手国であり、ドイツ車の販売台数の３台に１台は中国向けですので、中国との貿易戦争につながりかねない施策に慎重なのも頷《うなず》けます。

中国は、重要な輸出市場だからという理由で炭素国境調整措置の適用を免除・軽減する一方、中国よりも炭素集約度の低い国に措置を適用すれば、ＷＴＯの最恵国待遇原則に明らかに違反します。２０２０年９月のＥＵ・中国サミットでＥＵ側は、中国に対して炭素国境調整措置を材料にカーボンニュートラル目標の表明を迫ったといわれています。その直後の国連総会で、習近平国家主席が２０６０年カーボンニュートラル目標をだした背景のひとつは、炭素国境調整措置の適用除外を狙ったものとの見方もありますが、長期目標を掲げただけで適用除外にするのでは制度の意味がありません。炭素国境調整措置は、目標値ではなく実績値に応じて適用すべきものだからです。

このように、さまざまな課題を抱える炭素国境調整措置ですが、パリ協定に基づいて各国が地球温暖化対策に取り組むなか、地球温暖化対策コスト負担のばらつきや、それに伴う貿易や雇用への影響が顕在化してくれば、大きな方向性として貿易政策と環境政策の融合が進むことは確実でしょう。

欧州舶来信仰は無意味

このようにEUの地球温暖化政策をみると、環境原理主義的な高い理想を掲げる一方で、EUだけが野心レベルを引き上げることによる国際競争力や雇用への影響にも懸念を有していることがうかがえます。また、世界が脱炭素化の方向に向かうなかで、EU発の基準をグローバルスタンダードにすることで先行者利益を得ようという、したたかな計算もうかがえます。EUは、外向けにはプレゼンが極めて巧みであり、日本でも欧州の影響が強い環境NGOなどがEU流の地球温暖化政策の売り込みを行っていますが、日本とEUの事情の違いに留意しつつ、成功例・失敗例双方から学ぶことが肝要です。単なる出羽守《でわのかみ》は有害でしかありません。

第5章

コロナウイルスと地球温暖化

コロナ禍によるエネルギー需要、CO_2排出への影響

２０２０年はパリ協定実施元年であり、ＥＵやＣＯＰ議長国の英国、国連は１・５℃安定化、２０５０年カーボンニュートラル目標に向けた各国目標の引き上げを迫る算段でいました。そこに襲いかかったのが新型コロナウイルスでした。

コロナによって世界経済は１９２９年の世界大恐慌以来、最大の景気後退を記録し、工場操業停止やテレワーク、国際航空の大幅な落ち込みなどによりエネルギー需要も過去70年間で最大の落ち込みとなりました。

他方、コロナ禍は環境の改善という思わぬ副産物ももたらしました。エネルギー需要の低下により、ＮＯｘ《ノックス》（窒素酸化物）、ＳＯｘ《ソックス》（硫黄酸化物）、ＰＭ２・５（微小粒子状物質）などの大気汚染物質の排出も低下したのです。中国の大都市で青空が見えた、インドでヒマラヤの山が見えた、濁っていたイタリア・ベニスの運河の透明度が目に見えて改善したなどの事例が報告されています。当然ながらエネルギー起源のCO_2排出量も低下しました。２０２０年の排出量は前年比５・８％減となり、これまた第二次世界大戦以降、最大の落ち込みとなりました。

環境活動家の中には、思わぬ環境改善を歓迎する向きもありましたが、これはコロナによる経済不況の結果によるものでしかなく、皮肉なことに「環境改善には経済不況が最も効く」ということを証明することになってしまいました。言葉を変えれば、こうした環境改善は一過性のものであり、経済が回復すればリバウンドが生ずるということになります。世界で最初にコロナ禍に見舞われ、いち早くコロナ禍を脱した中国の汚染物質の排出量は、コロナ禍が最も深刻だった２０２０年３月頃は前年比30～40％減となりましたが、同年５月頃には、既に対前年比増加に転じています。CO_2の排出動向も１９００年以降のトレンドをみれば、前年比減になったのは、スペイン風邪や第一次世界大戦、世界恐慌、第二次世界大戦、石油危機、リーマンショックなどが経済に対して破滅的な影響をもたらしたときを数えるのみであり、いずれのケースも経済回復とともに再び増勢に転じています。ＩＥＡ（国際エネルギー機関）は、２０２１年のCO_2排出量はリバウンドし、これまでのピークであった２０１８～２０１９年の水準に近づいているとしています。

コロナ禍は地球温暖化防止努力にどのような影響を与えるのか

コロナ禍は、地球温暖化問題への取り組みにどのような影響を与えているでしょうか。

環境関係者は、コロナ禍により地球温暖化対策を進める勢いが強まったとみています。例えば、ロンドン大学のマーク・マスリン教授は、「コロナは、クライシスの際に政府がさまざまなインセンティブや税、規制などによって、社会に最適な結果をもたらし得ることを示した。地球温暖化においても政府が役割を果たし、各国経済及びグローバル経済を持続可能な方向にシフトさせるべきだ」と述べています。

他方、気候変動対策に懐疑的な論者は、コロナ禍による経済停滞と、それによるCO2排出削減こそ環境派が志向する世界であると論じています。例えば、スパイクト誌のエディターであるブレンダン・オニール氏は、「我々がコロナと格闘している際、環境主義者は、これを傲慢で破壊的な人類への自然界の警告だとしている。我々が耐え忍んでいる不快な非常事態は、環境主義者の企図しているディストピア（暗黒世界）そのものだ」と述べています。

筆者は、コロナ禍で政府による強権発動や巨額な財政出動が可能だったのだから、地球温暖化でも同様の対応が可能という議論は単純すぎると考えています。コロナの場合、自分や家族、友人の生命に対する「今、そこにある危機」であり、一定期間、ロックダウンを耐えることにより、感染者数の収束という形での目に見える成果を得られます。他方、地球温暖化の場合、自分に対する直接の脅威が見えにくく、温室効果ガス削減は数十年にわたる長い取り組みを必要とする一方で、個々人の努力による地球温暖化防止の効果は体感できません。両者は、ともにグローバルな問題であるとしても、性格はまったく別物だといえるでしょう。

「環境活動家がコロナによるCO_2排出減少に快哉《かいさい》を叫んでいる」という気候変動懐疑派の揶揄は、フェアではありません。しかし、グレタさんらが主張する１・５℃目標達成に必要な２０３０年全球45％削減とは、コロナに見舞われた世界が経験した年５・８％減をはるかに上回る年率７・６％の削減を10年続けることを意味します。そう考えると１・５℃目標がいかに途方もない目標であるかがよくわかります。

コロナ禍による健康被害や経済被害からの脱却に各国政府が忙殺される結果、地球温暖化防止への関心が相対的に低下することは不可避です。地球温暖化問題は長期にわたってゆっくり進行しますが、コロナ禍による生命への危険、失業のリスクは喫緊の課題です。加えて、各国政府は、コロナ禍から脱却するため、既に膨大な財政支出を強いられており、地球温暖化対策を含め、その他のＳＤＧｓに回すリソースが不足するという問題もあります。

コロナ禍により、人・モノ・サービスの移動の自由を基礎とするグローバリズムが後退し、国境、ひいては国民国家の重要性が再認識され、国家主義や内向きの一国主義が台頭するとの見方もあります。現にワクチンの囲い込みなど「まずは自国民の安全が優先」という現象が起きています。地球温暖化への取り組みは、グローバリズム、リベラルな価値観と強い親和性を有するもので、相互信頼に基づく国際協調を何よりも必要とします。グローバリズムの後退や大国間の対立激化は、地球温暖化問題の追求の足を引っ張ることになります。

グリーンリカバリーを目指す欧米

こうしたなかで、地球温暖化防止に対する取り組みが等閑《なおざり》にならないよう、景気回復策の中核に地球温暖化対策を位置づけ、景気回復や雇用創出、クリーンエネルギーシステムの構築を同時達成すべきというのがグリーンリカバリーの議論です。その処方箋としてＩＥＡは、２０２０年６月に『持続可能な復興計画』というレポートを出しています。そのエッセンスは次のとおりです。

- 持続可能な復興計画は、経済成長促進や雇用創出、より強靭でクリーンなエネルギーシステムの構築を目的とする。
- 持続可能な復興計画においては、送電網の拡大・近代化、風力・太陽光発電の導入加速、水力、原子力の運転期間の延長などを通じた非化石電力の推進、クリーンエネルギー自動車や高速鉄道網によるクリーンな交通システムの拡大、既存建築物の改修や新築建築物の基準強化による建物部門のエネルギー効率改善、高効率設備の導入や電化などによる産業部門のCO_2削減、化石燃料補助金のフェーズアウト、水素、蓄電池、ＳＭＲ（小型原子炉）、ＣＣＵＳなどの次世代技術のイノベーション推進への投資を重点とすべきである。
- これらを実施するため、世界全体で２０２１年から２０２３年にかけて毎年追加的に１兆ドル（約１１０兆円）の官民投資を行うべきである。これは、世界のＧＤＰの約０.７％に相当する。

・これにより世界の経済成長を1・1％上昇させ、その後の世界経済に長期的な便益をもたらす。また、これにより年間900万人の雇用の確保、創出が可能となる。
・同時にエネルギー起源のCO_2は、2019年をピークに減少を続け、パリ協定の目標に沿った排出削減が可能となる。大気汚染も5％軽減される。
・政府にとって、より良いエネルギー社会の将来を構築するための一生に一度の機会である。

IEAのレポートは、欧州グリーンディールを掲げ、地球温暖化問題を最優先課題と位置づけていたEUにとっては実に好都合なものでした。コロナ禍が欧州を席巻すると、化石燃料依存が高く、西欧・北欧主導の地球温暖化アジェンダに反発していたポーランドやチェコから早速、「コロナウイルス対策を最優先とし、欧州グリーンディールを棚上げすべきだ」との声があがってきました。これに対してドイツやフランスを筆頭に西欧・北欧諸国の環境大臣や欧州議会議員、企業、NGOなどによる「グリーンリカバリー連合」が発足し、欧州グリーンディールを経済復興計画の枠組みとして位置づけるべきだとの論陣を張りました。フォンデアライエン委員長が2020年5月に発表した次期中期予算計画や復興基金において、デジタル、EU強靭化と並んで「グリーン」が三本柱のひとつに位置づけられました。気候変動分野では、建物の省エネ、水素や再生可能エネルギーなどのクリーン技術への投資促進（R&D〈研究開発〉予算増額）、電気自動車の事業環境整備（１００万カ所の充電ポイント）などが盛り込まれ、IEAレポートと多くの面で内容が一致しています。

これに対して米国のトランプ前政権は、グリーンリカバリー的な考え方には冷淡であり、コロナに対する緊急経済対策に再生可能エネルギー補助や、航空会社に対する低炭素プレッジの要求などを盛り込もうとした野党・民主党の提案を受け入れず、環境規制のさらなる緩和による経済活性化を志向していました。しかし、２０２１年１月に発足したバイデン政権は、トランプ前政権とは対照的に地球温暖化問題を重視しており、「ビルディング・バック・ベター（より良く再建する）」、すなわちコロナからの経済再建が地球温暖化防止にも同時に貢献することを目指しています。２０２０年４月には、８年間で2・3兆ドル（約２５３兆円）もの巨額インフラ投資計画を提示しました。この中には、電気自動車の購入支援など地球温暖化関連予算６２８０億ドル（約69兆８０億円）が含まれています。グリーンリカバリーを目指すという点で、欧米は同一歩調をとっているといえるでしょう。

経済回復最優先の途上国

しかし、中国やインドをはじめとする途上国では事情がまったく違います。中国は、コロナからの経済復興の過程で安価で安定的なエネルギー供給を優先しました。2060年までにカーボンニュートラルを目指すという習近平国家主席の国連演説とは裏腹に、2020年トータルで30ギガワット（3000万キロワット）の石炭火力発電所が新たに運転を開始しました。これは、その他の国々で運転開始した石炭火力発電所の設備容量全体の3倍に相当します。また、2020年に中国で建設許可を受けた石炭火力発電所の設備容量は37ギガワット（3700万キロワット）にのぼり、前年の認可実績の3倍にのぼりました。2021年3月に発表された第十四次5カ年計画でも李克強首相は、「エネルギー需要の増大に対応するため、石炭のクリーンで効率的な利用を推進する」としています。

インドでは2021年6月、モディ首相が民間資本導入による石炭自給率の向上と雇用機会の創出のため、国営であった41の石炭鉱区を入札にかけると発表しました。インドは、太陽光発電を積極的に導入していますが、高い経済成長率に伴う電力需要の増大を賄うには不十分であり、今後も石炭火力発電所を増設するとしています。

このように、コロナ禍からの経済回復策のアプローチは、先進国と途上国では大きく異なっています。英国ロンドンのシンクタンクであるヴィヴィッド・エコノミクスは、各国の経済回復パッケージが温室効果ガスを増大させるか、減少させるかで対策の「グリーン度」を評価していますが、経済パッケージがネットの温室効果ガス削減に貢献しているとしてプラスの評価を受けているのは欧州諸国ばかりであり、日本や米国、中国、インドを含むそれ以外の国々はおしなべてマイナス評価になっています。

環境原理主義は経済回復策の主軸になり得ない

高評価の欧州諸国ですら環境ＮＧＯの批判を受けています。欧州中央銀行がコロナで苦境に陥っている企業からの社債を購入しましたが、その中に化石燃料企業が含まれていたことを理由にグレタさんたちが「欧州諸国のグリーンリカバリーへの真剣度を疑う」と言う声明を出しています。けれども、筆者は、景気回復策を温室効果ガス削減への貢献からのみ評価するという考え方には疑問を感じます。米国のシンクタンク、ブレークスルーインスティチュートのテッド・ノードハウス氏は、こうした考え方について次のように述べています。

- 環境タカ派は、企業救済の条件として地球温暖化防止へのコミットを要求しているが、現状をきちんと認識すべきだ。景気刺激策は、経済のさらなる悪化を防ぐためのものであり、経済が持ち直せば、クリーンエネルギー投資の機会はある。
- クリーンエネルギーが化石燃料かという二者択一の議論は反発を招くのみである。米国経済は、引き続き化石燃料に依存しており、米国経済を立て直す努力は、化石燃料企業の救済も含まれるのは当然である。
- 米国人が公衆衛生や雇用、経済で頭がいっぱいのとき、クリーンエネルギー転換を約束しても無意味だ。状況がもっと良いときでさえ、気候変動はトッププライオリティであったことはなく、今後も経済と雇用が主要関心事であり続けるだろう。
- 気候変動対策を推進するためには、それが短期間の間に経済、雇用効果をもたらし、長期の経済機会を提供することを示すべきである。
- 経済対策においては、気候変動を中核に据《す》えるのではなく、サプライチェーンを含め米国経済が大きく変わるなかで、長期的な経済機会と気候便益を追求すべきだ。環境主義者は、従来の地球温暖化対策（減税、規制・基準など）の発想を変えるべきである。

筆者も彼の考え方のほうがよほど現実的であると思います。化石燃料依存の高い途上国であればなおさらでしょう。

本書の執筆中（２０２１年７月）、東京では４度目の緊急事態宣言が発出され、コロナ禍を脱却したとはとてもいえない状況が続いています。コロナ禍の渦中にあっても、地球温暖化防止努力を継続すべきことは当然ですが、地球温暖化対策によるエネルギー価格の上昇は経済に対する追加的な負担になることも事実です。コロナ禍によって、既に巨額の財政支出を強いられ、経済も痛んでいるなかで、地球温暖化防止への効果を景気回復パッケージの評価軸にする環境原理主義的対応は、現実的とは思えません。

第6章

環境原理主義に傾く米国バイデン政権

米国が主催する気候変動サミット（首脳会議）で演説するバイデン大統領（米国・ワシントン）
出所：EPA＝時事

地球温暖化外交においてＥＵが原理主義的、理想主義的な姿勢をとるのに対し、日本や米国、豪州などは、各国の国情の違いを踏まえた現実主義の立場で対抗してきました。筆者が地球温暖化交渉に関与しているとき、米国はクリントン政権、ブッシュ政権、オバマ政権と変遷しましたが、政権交代による振幅は当然あるものの、プラグマティズム（実際主義）重視という点で一貫しており、日本にとって心強い仲間でもありました。しかし、こうした状況は、２０２1年1月のバイデン政権発足によって大きく変わりつつあります。

党派で両極化する地球温暖化問題への見方

米国において地球温暖化問題は非常に党派性の強い分野であり、民主党支持者が気候変動問題を重視するのに対し、共和党支持者が気候変動問題に対する関心が低い傾向があります。ブッシュ政権の京都議定書離脱やトランプ政権のパリ協定離脱も、それを背景とするものです。最近、米国でもハリケーンや洪水、山火事などの自然災害が増大し、気候変動問題に対する米国民の関心が高まったといわれていますが、２０２０年４月に米国の世論調査研究機関ピュー・リサーチ・センターが行った調査をみると、気候変動を米国にとっての脅威であると考える人の割合は２００９年時点において民主党支持者で61％、共和党支持者で25％だったものが、２０２０年には、それぞれ88％、31％になっています。すなわち共和党支持者の見方は大きく変わっていない一方、民主党支持者の危機感はこの10年間で大きく上昇したということです。同じ調査で、気候変動以外にもロシア、貧困、世界経済、国際紛争、感染症、核兵器、サイバー攻撃、中国、テロリズム、移民が米国にとって大きな脅威となるか否かにつき、共和党員及び共和党寄りの人々、民主党員及び民主党寄りの人々の見解を聞いていますが、両者の回答傾向が最も大きく異なったのが気候変動問題でした。

気候変動問題は、２０２０年の大統領選における民主党の候補者選びにおいて大きな論点になりました。民主党の候補者指名を得るためには、左派・リベラル色の強いミレニアル世代（１９８１～１９９６年生まれ）、ジェネレーションZ世代（１９９７～２０１２年生まれ）の支持が不可欠でした。そして、彼らの間で人気の高いバーニー・サンダース上院議員や、２０１８年の中間選挙で史上最年少の女性下院議員となったアレクサンドリア・オカシオ＝コルテス下院議員は、「グリーン・ニューディール」と呼ばれる過激な気候変動政策の主唱者でした。グリーン・ニューディールは、企業増税を原資に巨額の財政発動を行い、環境問題や格差是正という今日的な課題を解決しようというもので、温室効果ガス排出量を10年以内にゼロにする、再生可能エネルギーで電力部門の排出量をゼロにするなど極めて野心的な目標を含んでいました。第3章で社会主義と環境原理主義の間の親和性について述べましたが、民主社会主義者と自認するサンダース上院議員やオカシオ＝コルテス下院議員が地球温暖化問題に非常に熱心なのも、その表れといえるでしょう。

左翼・リベラル派に傾くバイデン陣営

かつてのバイデン元副大統領は元来、民主党穏健派を支持基盤としているため、エネルギー・地球温暖化対策においても中道を旨としており、あまりにも野心的なグリーン・ニューディールを必ずしも支持してはいませんでした。これが民主党内で影響力を強める環境派やリベラル派の反発を招くこととなり、サンダース上院議員の候補者指名を支持するオカシオ＝コルテス下院議員は、「気候変動には中道はない」とバイデン前副大統領を強く攻撃しました。ある環境シンクタンクが20人にのぼる民主党の大統領候補の地球温暖化関連の公約の野心度合いを採点しましたが、バイデン大統領は当初最下位でした。

「このままでは民主党の大統領選候補者指名が危うい」と考えたバイデン陣営は、２０５０年ネットゼロエミッション、かつてない規模のエネルギー・地球温暖化関連投資など、グリーン・ニューディールの考え方を取り入れ、地球温暖化関連の公約の内容をより野心的なものにしていきます。その結果、２０２０年3月のスーパーチューズデーでは、バイデン前副大統領がサンダース上院議員を振り切り、大統領選候補指名を手にしたのでした。

しかし、このことがバイデン候補のエネルギー・地球温暖化政策の左傾化を招くことになりました。民主党最左派の人々は、贔屓《ひいき》のサンダース上院議員が候補指名を受けないのであれば投票に行かないと公言していました。そこで、バイデン元副大統領は候補指名後、大統領選に向けたプラットフォーム作成のためのパネルに、サンダース上院議員やオカシオ＝コルテス下院議員、グリーン・ニューディールの推進力となったサンライズ運動の指導者ヴラシニ・プラカシュ氏などの左派やリベラル派を参加させ、挙党一致を図ることにしました。このパネルには、バイデン元副大統領の盟友でパリ協定策定に尽力したジョン・ケリー元国務長官も参加しました。

大統領選に向けたプラットフォーム作成に当たっては、リベラル派や穏健派の間でさまざまな議論があったようです。2050年に向けた脱炭素化への道筋についてサンダース陣営は、遅くとも2030年には電力システムと交通セクターを100%再生可能エネルギーにし、その他セクターも2050年までには化石燃料依存から脱却すべきであると主張していました。米国は、シェールガス革命によって、国内の石油・天然ガス生産が大きく増大し、海外にも輸出しているのですが、サンダース陣営の化石燃料に対する敵意は強く、シェールガス・シェールオイルの採掘に必要なフラッキング（水圧破砕《はさい》法）の全面禁止、連邦所有地における既存及び新規の石油・天然ガス採掘の全面禁止、米国の化石燃料輸出の停止、化石燃料企業に対する連邦訴訟などを公約に掲げていました。脱炭素化のためには、原子力やCCUSも手段になるはずですが、サンダース陣営は脱原発を主張しており、CCUSについても「化石燃料の寿命を永《なが》らえさせる技術である」との理由で反対していました。これに対してバイデン陣営は、米国に国富をもたらしているシェールガスやシェールオイル採掘の全面禁止には懐疑的であり、脱炭素化に向けての技術オプションについても再生可能エネルギーや原子力、ＣＣＵＳなど、使えるものはすべて動員するという技術中立的な考え方でした。結果的にバイデン候補の公約は次のようになりました。

- 遅くとも２０５０年にはエコノミーワイドのネットゼロエミッションを達成
- 明確で法的拘束力のあるエコノミーワイドの排出削減のための措置の導入
- 再生可能エネルギーや原子力、水力、ＣＣＵＳを動員し、２０３５年までに電力をカーボンフリー化
- 低所得者やマイノリティを支援するための対策（環境正義）を導入
- 連邦所有地においては、石油・天然ガス採掘権のリース、フラッキングを停止（私有地においてはフラッキングの継続を容認）
- ゼロエミッション車の導入を加速するための基準強化
- 建物のＣＦＰ（カーボンフットプリント：製品やサービスのライフサイクル上の炭素換算）基準を２０３５年までに50％強化、４年間で６００万の建物を改修
- 電気自動車や再生可能エネルギー、省エネ、ＣＣＵＳに対する税制インセンティブの導入

・4年間で2兆ドル（約220兆円）の気候変動関連支出

2035年の電力セクターゼロエミッション化や環境正義、4年間で2兆ドルという巨額の政府支出など、左派・リベラル派の主張が取り入れられた一方、現実的な落としどころを探ったこともうかがわれる内容です。化石燃料の採掘禁止については、サンダース陣営が主張していたような全面禁止ではなく、連邦所有地のみとなりました。大統領選に向けて化石燃料産出州の支持も取り付けねばならなかったからです。脱炭素に向けた技術オプションについても原子力やCCUSを排除せず、技術中立的なものになりました。大規模な建物改修やグリーン技術支援など、いずれもお金がかかる話ですので、巨額な財政支出が想定されていますが、その財源は、トランプ時代に減税された法人税を再び引き上げることで捻出《ねんしゅつ》する考えでした。

他方、国際面では、次のような項目が盛り込まれました。

・パリ協定に直ちに再加入
・政権発足後100日以内に気候変動サミットを主催
・世界に化石燃料補助金停止を働きかけ
・クリーンエネルギー技術の輸出推進

・国際金融機関と協力し、地球温暖化対策に取り組む途上国に対して債務免除
・緑の気候基金への出資
・海外における石炭関連融資の停止
・将来の貿易協定においてパリ協定の目標へのコミットを条件づけ
・地球温暖化防止義務を満たさない国に対して炭素調整課金・割当を導入

この中で「地球温暖化防止義務を満たさない国に対して炭素調整課金・割当を導入」という項目は、ＥＵの炭素国境調整措置と共通する考え方であり、注目に値します。

地球温暖化シフトのバイデン政権人事

２０２０年11月、予想を上回る大接戦の末、バイデン元副大統領は大統領選を制しました。２０２１年１月にずれ込んだジョージア州での上院決選投票で、民主党が２議席を確保した結果、大統領や上院・下院すべてを民主党が制する「トリプル・ブルー（民主党のシンボルカラーはブルーなのでこう呼ばれます）」が成立しました。パリ協定離脱、環境規制の骨抜きなどを進めるトランプ政権の下で口惜しい思いをしていた環境派

の人々にとっては、天にも昇る気持ちだったでしょう。

２０２１年１月に発足したバイデン政権の人事は、地球温暖化シフトが色濃くうかがわれます。バイデン政権の気候変動外交の顔となる気候特使には、オバマ政権でパリ協定取りまとめに大きな役割を果たしたジョン・ケリー元国務長官が任命されました。オバマ政権時代、気候特使というポジションは国務省に置かれており、弁護士出身のトッド・スターン氏が務めてきました。今回、ケリー元国務長官という重鎮を特使に任命し、しかもそのポジションがホワイトハウスのＮＳＣ（国家安全保障会議）に置かれたことは、バイデン政権が気候変動問題を国家安全保障にかかわる重要問題として位置づけていることを意味します。国内気候変動政策の司令塔としてホワイトハウスに新設される国家気候アドバイザーには、ジーナ・マッカーシー元ＥＰＡ（環境保護庁）長官が就任しました。トランプ政権時代は、環境ＮＧＯのヘッドを務め、地球温暖化対策を緩和・撤廃するトランプ政権を相手取って数十回の訴訟を起こした歴戦の猛者《もさ》です。経済政策の司令塔となるＮＥＣ（国家経済会議）議長にはブライアン・ディーズ氏が指名されました。ディーズ氏は、オバマ前政権時代にＯＭＢ（行政管理予算局）副局長やＮＥＣ副委員長、気候・エネルギー担当の大統領特別補佐官を務めた人物で、地球温暖化対策を経済政策の文脈で捉えようというバイデン政権の意図がうかがえます。

バイデン大統領が就任後、最初にやったことのひとつがパリ協定への復帰でした。気候変動枠組条約事務局にパリ協定復帰を通告し、２０２１年2月末には正式にパリ協定締約国に復帰しました。トランプ大統領が２０１７年11月にパリ協定離脱を通告し、３年後の２０２０年11月にパリ協定から法的に離脱してからわずか3カ月後の復帰となりました。

バイデン大統領は就任後、１カ月の間に49件もの行政命令に書名していますが、その中には、環境保護に立脚したものも多く含まれます。就任当日に署名した大統領令では、石油・天然ガス部門のメタン排出規制、自動車の燃費規制、機器の省エネ規制強化の方向を打ち出しており、トランプ政権時代に廃止・緩和された１００件を超える環境規制の総点検を命じています。バイデン政権による政策変更を象徴するものとしてカナダから原油を運ぶ大型パイプラインプロジェクト「キーストーンＸＬ」の認可取り消しがあります。このプロジェクトは、環境面への影響が懸念されるとの理由で、オバマ政権時代には建設認可が下りなかったのですが、トランプ前大統領は就任直後、プロジェクトを認可し、オバマ政権からの変化を内外にＰＲしました。バイデン大統領は、それを再び引っくり返したことになります。米国で政権交代が起きると前政権の否定から入ることが多いですが、党派対立の強い地球温暖化問題はその最たるものでしょう。トランプ前大統領が就任直後に認可したプロジェクトを同じく就任直後に認可取り消しにすることによって「トランプ時代の終わり」を演出したのです。

国内対策には議会の制約

「トリプル・ブルー」が実現したといっても、バイデン政権が地球温暖化関連の公約が次々に実現できるかというと、そう簡単ではありません。下院では、民主党が過半数を占めたものの、議席差は改選前よりも大幅に狭まりました。上院では、民主党と共和党は50対50となり、賛否同数の場合、上院議長であるカマラ・ハリス副大統領が決定票を投ずるので、民主党は紙一重で上院多数派になりました。しかし、これは「フィリバスター」と呼ばれる審議妨害を打ち切るために必要な60票には遠く及びません。バイデン政権が目指す野心的な温室効果ガス削減のためには、主要産業に排出枠を割り当てる排出量取引制度や炭素税などのカーボンプライシング（炭素の価格付け）、発電部門の非化石燃料基準といった法律に基づく措置を講じたいところでしょうが、これは、２０２２年の中間選挙で民主党が大幅に議席を伸ばさない限り実現は難しいでしょう。また、民主党内には少数とはいえ、石炭産出州のウェストバージニア州選出のジョー・マンチン上院議員のような保守派がおり、バイデン政権が過激な政策を導入しようとしてもブレーキをかけるでしょう。マンチン上院議員は、上院エネルギー天然資源委員長の要職にあるため、彼の意向を無視するわけにもいきません。

新たな法案を通せない以上、バイデン政権は、前政権が行政命令で撤廃・緩和した環境規制をもとに戻すなど、議会を通さずにできる措置を多用するしかありません。オバマ政権のクリーンパワープランのような大気浄化法などの既存法を最大限、拡大解釈して地球温暖化対策を強化する可能性もあります。しかし、そうした施策には、共和党の強い州で訴訟が提起されるでしょう。その際、重要なのが最高裁判事の陣容です。９名の最高裁判事は終身であり、トランプ政権発足時に保守派４、中間派１、リベラル派４だったものが、トランプ政権下で欠員がでるたびに保守派を後任に任命してきたため、現在では保守派６、リベラル派３になっています。保守派の判事は、既存法の拡大解釈による地球温暖化対策実施には厳しい見方をする傾向が高く、バイデン政権の施策に訴訟が提起された場合、最終的に最高裁で無効になる可能性もあります。

他方、予算措置では、ある程度のことはできそうです。上院には、通常の法案にはフィリバスターがありますが、国政の停滞を防ぐため、予算に関する法案については、単純過半数で可決できるという財政調整条項があります。これを使えば、クリーンエネルギー関連のインフラ整備やR＆Dなどの予算を通すことは可能であり、4年間で地球温暖化対策に1・9兆ドル（約209兆円）を動員するという公約は、ある程度までは実現できそうです。

気候外交で存在感を誇示

バイデン大統領は外交通を自認しており、元国務長官のケリー特使とともに気候外交の面で存在感を発揮しようとしています。

米国の気候外交にとって最大の課題は中国の取り扱いです。オバマ政権の下では、地球温暖化分野での米中協力が緊密であり、2015年にパリ協定が合意できたのも世界第1位・第2位の排出国である中国と米国の協力の賜物《たまもの》であるともいわれました。しかし、それから5年が経過し、米中関係は大きく変化しています。コロナによって中国に対する見方が厳しくなったことをはじめ、新疆《しんきょう》ウイグル自治区や香港の人権問題、台湾、南シナ海での中国の力による現状変更的な動き、貿易摩擦やサイバーセキュリティ、知的財産権など、米中関係は今や新冷戦といわれるほどに悪化しています。ピュー・リサーチ・センターが２０２０年7月に実施した意識調査によれば、中国に対して好感を持っていないアメリカ人の割合は73％と過去最高に達しており、この傾向は共和党、民主党に共通しています。

そうしたなかで地球温暖化防止は、米中が協力できる数少ない分野のひとつとされてきました。ケリー特使は、パリ協定合意に至る米中協力の当事者であったことから、彼が地球温暖化分野での米中協力を他の懸案事項に優先するのではないかとの懸念が、民主党に近いブルッキングス研究所から提起されていました。そういった懸念を意識してか、ケリー特使は「地球温暖化問題は、米国の対中戦略全般の中のひとつであり、他の問題と切り離して扱うことはしない」と明言しています。

当然のことながら、中国は、地球温暖化分野での協力を材料に他の分野で米国からの対中圧力の緩和を引き出したいと考えています。しかし、２０２１年のG7サミット

（主要7カ国首脳会議）で中国に対して厳しい対応が打ち出されたことや、ウイグル人権問題に関する欧米諸国の制裁措置に中国は激しく反発しており、オバマ政権のときのような米中協力の進展は見通しがたい状況です。

他方、米国とEUの連携は大きく進展しそうです。EUが重視する地球温暖化問題に背を向け、パリ協定から離脱したトランプ政権にEUが強い反感を持っていたことは間違いありません。そこへ地球温暖化問題を大きな柱に掲げるバイデン政権が誕生したのですから、EUの歓喜は容易に想像できます。2050年ネットゼロエミッション、2030年の目標引き上げ、石炭分野への国際金融機関の融資差し止めなど、バイデン政権とEUの方向性は多くの面で共通しています。左派・リベラル派の支持を得るためにバイデン政権の地球温暖化政策が環境原理主義的な傾向を持った結果、米国とEUがかつてないほど接近しているともいえます。

もちろん、米国とEUがすべての面で共同歩調をとれるわけではありません。第5章で述べたとおり、EUは、地球温暖化対策の野心レベル引き上げによるコストアップが域内の産業の国際競争力や雇用に悪影響を与えないよう、炭素国境調整措置を導入しようとしています。バイデン大統領の選挙公約にも似通った考え方が盛り込まれていることは先に述べたとおりです。しかし、炭素国境調整措置を導入するためには、国内で法律に基づくカーボンプライシングが存在することが前提となります。ＥＵの場合、ＥＵＥＴＳ（ＥＵ排出量取引制度）に基づく明示的な炭素価格が成立しており、炭素国境調整措置の根拠とすることができますが、米国の場合、いくつかの州では排出量取引制度が存在するものの、連邦レベルではそうした制度がなく、議会情勢を考えれば、そうした新法を導入する見通しは非常に低いといえます。このため、炭素国境調整措置で米欧が共同歩調をとることは考えにくいでしょう。

とはいえ、発信力もある米国とＥＵが連携して地球温暖化外交を行えば、大きなインパクトがあるでしょう。ただ、それで1.5℃目標の達成に向けて世界が大きく前に進むかというと、筆者は大きな疑問を感じています。

第７章

「カーボンニュートラル祭り」とその不都合な真実

ケリー特使「我々がこの崖から飛び降りて自分たちを救うのにあと 100 日しかない」
中国やインド、アフリカ「僕ら関係ないよ」
出所：Global Warming Policy Foundation（英国シンクタンク「地球温暖化政策財団」）

2050年カーボンニュートラル表明の広がり

グレタさんや国連のアントニオ・グテーレス事務総長は、国連気候変動サミットその他の場で、各国に対して「2050年カーボンニュートラル目標を掲げ、その達成のためパリ協定の下で各国が設定した2030年目標を引き上げるべきである」と強く求めています。その結果、2050年カーボンニュートラル目標を掲げる国の数も年々拡大しています。2019年9月時点では65カ国1地域（EU）だったものが、2021年1月には123カ国1地域（EU）にほぼ倍増しています。

これで世界全体が2050年カーボンニュートラルに向かった大きく前進していると いう見方がありますが、筆者は、必ずしもそうは思いません。中国は、2050年ではなく10年遅れの2060年カーボンニュートラル目標を表明しています。インドやASEAN（東南アジア諸国連合）の多くの国々は、カーボンニュートラル目標を設定していません。今後の温室効果ガス拡大の大部分を担うアジア諸国がこのような状態ですから、世界全体で2050年カーボンニュートラルが実現することは土台無理な話です。また、目標を掲げれば現実がついてくるというものではありません。パリ協定では、長期的な温室効果ガス削減戦略を策定・提出することが促されていますが、２０５０年カーボンニュートラル目標を表明した国で長期戦略を策定している国は、４分の１程度しかありません。なかには、メキシコのように国連に提出した長期戦略において、２０５０年までに50％削減と記載されているのに、２０５０年カーボンニュートラル目標を表明しているケースもあります。このように２０５０年カーボンニュートラル表明は、きちんとした根拠や行動計画に裏打ちされたものというよりは流行に便乗したものといえそうです。

２０５０年目標の次は２０３０年目標

もちろん２０５０年までには、さまざまな新技術が利用可能になり、コストも大幅に下がっている可能性があります。30年も先の話であるだけにそれほど悩まずに表明できるというものなのかもしれません。しかし、２０５０年目標を表明すれば、それで済むものではありません。環境派の人々は、２０５０年カーボンニュートラル目標が表明されれば、一旦《いったん》はこれを歓迎しますが、すぐに「２０５０年カーボンニュートラルを目指すならば、2030年目標はそれと整合的なものでなければならない。2030年目標も大幅に引き上げるべき」、「2050年にカーボンニュートラルを目指す以上、今後、化石燃料火力の新設はとりやめ、既存の化石燃料火力発電所を段階的に閉鎖すべきである」と二の矢、三の矢を打ってきます。2030年といえば、今から9年後であり、エネルギーのように大規模なインフラを必要とする分野ではあっという間です。2050年カーボンニュートラルを達成するためには、水素やCCUSなど現時点ではまだ経済性がない革新的技術の大量導入を必要とします。他方、2030年時点では現在のエネルギーシステムやインフラを想定せざるを得ません。このため、2050年カーボンニュートラルと現在を直線で結び、2030年時点の排出削減目標を機械的に設定すれば、排出削減コストは大きく増大することになります。

バイデン気候変動サミットの意味合い

2021年4月にバイデン大統領が主要40カ国の参加を得て開催した気候変動サミットは、バイデン政権の気候変動外交のデビュー戦でもありました。バイデン大統領やケリー特使の目論見《もくろみ》は、サミットにおいて２０５０年カーボンニュートラル目標を参加国間で共有し、各国が２０５０年カーボンニュートラルと整合的な形で２０３０年目標を引き上げるというモメンタムを作り出すことでした。「米国は地球温暖化防止に背を向けている」というトランプ政権時代のマイナスイメージを解消し、米国のリーダーシップを内外に示そうとしたのです。これは、バイデン政権誕生に大きな影響力を発揮した民主党内の左派・リベラル派の支持をつなぎとめるためにも重要でした。

既にＥＵは、２０２０年12月に２０３０年目標を１９９０年比40％減から少なくとも55％減に引き上げることを決定していました。サミットの２週間前に行われた日米首脳会談において、日本の２０３０年目標の大幅引き上げの約束も取りつけていました。

しかし、サミットにおいて、米国が最大のターゲットにしていたのは中国でした。世界全体で２０５０年にカーボンニュートラルを達成しようとすれば、２０３０年には、現状比で世界全体の排出量を45％削減する必要があるといわれています。しかし、先進国の排出量が減少を続ける一方、アジア・太平洋諸国を中心に途上国の排出量が大幅に拡大すると見込まれており、特に世界最大の排出国である中国は、２０３０年に温室効果ガス排出量をピークアウトするという目標を表明しています。かたや２０３０年に世界全体で45％削減が必要だとされる一方、中国の排出量が2030年まで増大を続けるようでは2050年全球カーボンニュートラルなど実現できるはずがありません。

ケリー気候変動特使は、サミット直前に中国の上海に向かい、パリ協定策定の際のカウンターパートとなった解振華特使に中国の目標強化を強く働きかけました。しかし、米中関係は、オバマ政権のときとは打って変わって大きく悪化しています。中国にしてみれば、米国に良い格好をさせるために目標の上積みをする地合いではありません。米国が習主席の出席と目標引き上げを求めるのであれば、見返りに地球温暖化以外の部分で何かの譲歩をとりたいというのが中国の腹積もりでしょう。結局、ケリー特使は、目標引き上げの言質を得ることなく、上海をあとにしました。

他国に2030年目標の上積みを求める以上、まずは米国が先頭に立って野心的な目標を出さねば説得力を持ちません。このため米国は、オバマ政権時代の「2025年までに2005年比26～28％削減」を大幅に積み増し、「2030年までに2005年比50～52％削減」を表明しました。この場で日本も2030年目標を2005年比26％減から「46％減、さらには50％減の高みを目指す」に積み増しました。カナダも2005年比36％減を40～45％減に引き上げました。これでOECD（経済協力開発機構）諸国の目標引き上げは、ほぼすべて出揃《そろ》ったことになります。

笛吹けど踊らぬ途上国

先進国が目標引き上げをした背景は、率先垂範することによって、途上国、特に中国やインドの行動を促そうというものでした。しかし、結果はどうだったでしょうか。目標を引き上げた米国やカナダ、EU、日本の排出量を合計しても世界全体の４分の１を下回っています。他方、世界の排出量の26％を占める中国、７％を占めるインド、５％を占めるロシアなど、その他の主要排出国からは、目標引き上げの表明はありませんでした。中国の現行目標では、２０３０年まで排出量が増え続け、インドについては、２０３０年以降も排出増が続くという状況です。２０３０年45％減シナリオは既に崩壊しているといってもよいでしょう。中国もインドもコロナによる経済困難から脱するため、経済成長を最優先しており、他の途上国についても同様です。

２０１５年に国連は、17のＳＤＧｓを採択しました。①貧困をなくそう、②飢餓をゼロに、③人々に保健と福祉を、④質の高い教育を皆に、⑤ジェンダー平等を実現しよう、

⑥安全な水とトイレを世界中に、⑦エネルギーをクリーンに、そして皆に、⑧働き甲斐も経済成長も、⑨産業と技術革新の基盤をつくろう、⑩人や国の不平等をなくそう、⑪住み続けられるまちづくりを、⑫つくる責任、つかう責任、⑬気候変動に具体的な対策を、⑭海の豊かさを守ろう、⑮陸の豊かさも守ろう、⑯平和と公正をすべての人に、⑰パートナーシップで目標を達成しよう――という17の目標の下には169ものターゲットが紐《ひも》づけられています。

これらの目標を実現するためには、それぞれ資金的・人的リソースを必要としますが、リソースに限りがある以上、優先順位を決めねばなりません。国連が行っている『マイ・ワールド2030』という興味深いアンケート調査があります。世界50万人以上の人が「17の持続可能目標のうち、自分にとって重要なものを5つまで挙げてください」との問いに答えています。世界全体でみると、優先順位の第1位が教育、第2位が保健・福祉、第3位が雇用で、気候変動は第9位でした。国別に気候変動の優先順位をみると、スウェーデンでは圧倒的に第1位ですが、インドネシアやナイジェリアでは第9位、中国では第15位です。一人当たり所得が世界で最も高いスウェーデンでは、気候変動のようなグローバルな課題への関心が強く、一人当たり所得がまだ低い途上国では、貧困撲滅や教育充実、雇用確保、保健衛生などが喫緊の課題になるのは当然のことでもあります。地球温暖化対策の強化は、少なくとも短期的には化石燃料に依存する途上国のエネルギーコストを引き上げることになり、経済成長の制約要因になります。2050年や2060年という長期の目標はともかく、わずか9年後の2030年目標を1・5℃目標と整合するように大幅に引き上げることは勘弁してほしいということでしょう。長期的な方向性としてのカーボンニュートラルから逆算して、世界全体の排出削減経路を機械的に割り出し、2030年目標引き上げを迫るというやり方は、どう考えても現実的ではありません。2050年カーボンニュートラルへの賛同国が増える一方で、それと整合的な形での2030年目標引き上げを行う国が先進国に限られているのは、2050年カーボンニュートラルをめぐる「不都合な真実」です。

支払い意思の問題

2030年に向けて野心的な目標引き上げを行った先進国についても、道は平坦《へいたん》ではありません。気候変動の重要性については誰もが同意するでしょうが、気候変動対策のために実際いくら追加的にコスト負担をする用意があるかというと話が違ってきます。

2018年末から2019年前半にかけて、参加者が蛍光色の反射チョッキ「イエローベスト」を身に着けた大規模な抗議行動がフランス全土を席巻しました。その原因は、さまざまですが、直接のきっかけとなったのは、炭素税増税による燃料費の高騰、生活費の高騰でした。デモ隊は、「エリートたちは世界の終わりのことを語っている、自分たちは月末のことを語っているのだ」というスローガンを掲げました。「世界の終わり」とは地球温暖化問題のことであり、「月末」とは燃料費の上昇による月末の生活費のことです。チャールズ皇太子やレオナルド・ディカプリオ氏をはじめ世界のセレブたちは、地球温暖化対策の強化を強く訴えていますが、地球温暖化対策の強化によるエネルギーコストの上昇は低所得層を直撃します。パリ協定が生まれたフランスにおいて、一般庶民から炭素税増税に対する強い拒否反応が突きつけられたのは何とも皮肉なことです。

米国では、山火事の発生やハリケーンなどにより、地球温暖化問題に対する関心が近年増大しているといわれます。2018年にAFPとシカゴ大学が共同で行った意識調査によれば、米国人の7割は地球温暖化問題を現実の問題として捉え、その8割は政府による地球温暖化対策が必要であると考えているとの結果がでています。これだけみれば京都議定書やパリ協定を離脱した米国でも、ようやく地球温暖化対策の重要性が認識されるようになったといえそうです。しかし、地球温暖化問題に対応するため月何ドルまで追加的に負担する用意があるかとの問いに対して最も多い回答（57％）は月1ドル（年間12ドル〈約1320円〉）でした。月10ドル（年間120ドル〈約1万3200円〉）になると68％の人が反対を表明しています。バイデン政権が目指している1・5℃安定化を実現するために必要な炭素価格の水準についてはさまざまな試算がありますが、例えば、IEAは、2025年時点で先進国は1トン当たり75ドル（約8250円）の炭素価格負担が必要であるとしています。米国の一人当たりCO_2排出量から計算すると、米国人が2025年時点で負担すべき炭素コストは、年間約1200ドル（約13万2000円）にのぼります。年間負担が120ドル増大するのに67％の人が反対するなかで、1・5℃目標達成のためには、その10倍近い負担が必要だとされているのです。そもそも米国は先進国中、最も低いエネルギー価格を享受しており、ガソリン税を引き上げる議論が政治的にタブーになるようなお国柄です。地球温暖化問題に対する意識は向上しても、実際のコスト負担が大幅に増大するとなると国民の反発は必至でしょう。

先進国ですらこのような状態なのですから、一人当たり所得が低い途上国での支払い意思がさらに低いものになるのは当然です。これもまた2050年カーボンニュートラルをめぐる「不都合な真実」です。

パリ協定を変質させる欧米気候外交

もともと環境原理主義的な傾向が強かった欧州に加え、バイデン政権の誕生により米欧が歩調を合わせて1・5℃安定化、2050年カーボンニュートラルを他国に強力にプッシュするようになりました。しかし、筆者は、欧米諸国が2050年カーボンニュートラルを押し付けようとすればするほど、先進国と途上国の分断が高まり、かえって袋小路に陥ってしまうのではないかと懸念しています。

パリ協定は、それまでの長く厳しい地球温暖化交渉の歴史を踏まえ、トップダウンの全球温度目標とボトムアップで各国目標のプレッジ・アンド・レビューが併存するハイブリッドの枠組みです。しかし、パリ協定の温度目標の下限値に当たる1・5℃目標を絶対視し、それを達成するために２０３０年全球45％減、２０５０年全球カーボンニュートラルに固執することは、各国の国情や発展段階に応じたボトムアップの目標設定を想定していたパリ協定を環境原理主義的なトップダウンの枠組みに変質させることにほかなりません。２０５０年カーボンニュートラルや２０３０年45％減の絶対視は、これから２０５０年までの世界全体の累積炭素排出量に上限（炭素予算）を設けることと同義であり、限られた炭素予算を先進国と途上国で取り合う構図を作り出すでしょう。

欧米諸国が２０５０年カーボンニュートラル、それと整合的な２０３０年目標の大幅引き上げを途上国に迫れば、途上国はこれに反発し、「それならば先進国は２０５０年よりもずっと前にカーボンニュートラルを達成し、ネガティブエミッションに移行することで途上国に炭素予算を回すべきだ。また、途上国に排出削減の加速を迫るのであれば、途上国支援を大幅に増額すべきだ」と要求するでしょう。先進国は、削減目標の面では目いっぱいカードを切っており、コロナで経済が傷ついているなか、途上国支援の大幅上乗せにも限度があります。

２０１３年以降のポスト京都議定書交渉のとき、先進国は、２０５０年全球半減目標を主張し、率先垂範して２０５０年までに80％減する用意があるとの目標を提示しましたが、全球目標の設定が自分たちへの排出枠の設定につながることを嫌った途上国は、これに応じず、先進国の削減目標の前倒し、削減幅の大幅引き上げ、途上国支援の拡大を要求したのでした。現在の議論をみていると、「いつか来た道」に戻りつつある気がします。折角《せっかく》、各国の自主性を尊重したフレキシビリティのあるパリ協定をつくったのですから、かつての先進国・途上国対立を再燃させることは避けるべきです。しかも、そうしたなかで最も漁夫の利を得るのが中国なのです。

第8章

漁夫の利を得る中国

WINNER OF 'THE GREATEST CLIMATE HYPOCRITE OF THE YEAR' AWARD 2020

2020年「気候偽善者賞」受賞者
出所：Global Warming Policy Foundation（英国シンクタンク「地球温暖化政策財団」）

厳しさを増す中国への見方

この数年間で中国に対する国際的な見方は大きく変わりました。『令和2（2020）年度外交青書』は、「国防費を継続的に増大させ、透明性を欠いたまま軍事力を急速に強化・近代化しており、宇宙・サイバー・電磁波といった新たな領域における優勢の確保を目指している。また、東シナ海や南シナ海などの海空域で、既存の海洋法秩序と相いれない独自の主張に基づく行動や力を背景とした一方的な現状変更の試みを続けている」と警鐘を鳴らしています。「一方的な現状変更の試み」とは、東シナ海における一方的な資源開発、日本周辺海域における日本の同意を得ない調査活動、南シナ海における軍事拠点の構築などを指しています。

また、新疆ウイグル自治区においては、100万を超えるイスラム教徒の再教育キャンプへの収容や強制労働などの深刻な人権侵害が生じており、2021年3月には、EUや米国、英国、カナダが制裁措置を発動しました。香港では、新たに導入された「香港国家安全維持法」を使って民主化運動の指導者が逮捕されています。コロナ禍が世界に災厄《さいやく》をもたらしていますが、発生源である中国の初動対応の遅れと隠蔽《いんぺい》体質が事態を悪化させたことは明らかです。加えて、コロナが中国の武漢ウイルス研究所から流出したとの説が再浮上しており、米国のバイデン大統領も調査を命じています。

２０２０年10月にピューセンターが行った調査では、中国にネガティブな感情を持っている人の割合は米国で73％、カナダで73％、豪州で81％、英国で74％、ドイツで71％、スウェーデンで85％、日本で86％と、ここ数年で大幅に上昇しています。

環境ＮＧＯの中国贔屓

そうしたなかで、中国の強力な応援団になっているのが環境ＮＧＯです。筆者が地球温暖化交渉に参加していたとき、中国は既に世界最大のＣＯ$_2$排出国でしたが、「共通だが差異のある責任」を振りかざして目標設定を頑《かたく》なに拒んできました。期待値を下げてきたせいか、環境関係者の間には、中国が地球温暖化問題に少しでも前向きな姿勢を示すと過剰なまでにそれを誉めそやす傾向があります。パリ協定の下で中国が出した２０３０年ピークアウト目標は、ほとんど自然体で達成できるものでしたが、これまで目標設定に頑なに抵抗してきたため、それでも歓迎されたのです。中国が環境ＮＧＯの大好きな再生可能エネルギーを大量導入し、再生可能エネルギー産業を育成していることも彼らを中国シンパにしています。

例えば、グリーンピースは、「持続可能性を優先順位におくことは中国のレガシー（政治的遺産）を確固たるものにするだろう」と言い、WWF（世界自然保護基金）は、「習国家主席の表明した新たな目標は気候野心を強化することに対する中国の揺るがぬ支持を反映したものである」と言っています。米国の有力環境団体NRDCのバーバラ・フィナモア氏に至っては、『中国は地球を救うか?』という著書まで刊行しています。環境NGOは、日本の高効率石炭火力の輸出をやり玉にあげて何度となく『化石賞』を与えていますが、世界最大の石炭消費国・石炭火力輸出国である中国についてはだんまりです。グレタさんも、ベトナムに対する日本の高効率石炭火力輸出を厳しく批判する一方、一帯一路で世界中に石炭火力を建設している中国について申し訳程度の批判しかしていません。

2017年に外国NGOを規制する法律が制定されて以降、アムネスティ・インターナショナルなどの人権団体の活動が事実上の禁止になり、かつては7000あった外国NGOが550ほどに激減しました。こうしたなかで、環境NGOは、中国政府のモニター・監督を受けながらも、活発に活動しており、政府との共同事業にも参画しています。中国の行動を変えていくためには、中国国内で活動する必要があるということなのでしょうが、先進国に対しては声高に野心レベルの引き上げを迫る一方、最大の排出国である中国については、大甘なのでは何のための環境ＮＧＯかわかりません。

したたかな中国とバイデン・ケリー気候外交の敗北

気候変動分野での中国の対応は非常にしたたかです。２０２０年９月の国連総会では、習近平国家主席が２０６０年カーボンニュートラル目標を表明して国際社会を驚かせました。世界最大の排出国である中国が２０６０年カーボンニュートラルなので、環境ＮＧＯの主張する２０５０年カーボンニュートラルの達成は不可能なのですが、彼らは挙《こぞ》って中国を賞賛しました。先進国が掲げる２０５０年目標から10年遅れの２０６０年という目標年度はよく計算されたものです。中国は、先進国の２０５０年カーボンニュートラルが実現不可能であることを十分承知しており、それが明らかになった時点で先進国を批判して自分たちの目標も有耶無耶《うやむや》にするつもりなのでしょう。先進国が２０５０

年カーボンニュートラルに固執し、大きな経済負担を抱えて国力が低下すれば、それはそれで中国の利益になります。

高い目標と裏腹に中国の足元の行動は、地球温暖化防止とは正反対です。中国経済は、他国に先駆けてコロナによる景気後退から脱しましたが、そのエンジンになっているのが石炭火力の新設であることは既に述べたとおりです。石炭火力発電所の運転期間が60年近くであることを考慮すれば、2060年カーボンニュートラル目標との不整合は明らかです。

中国は、2021年4月の気候変動サミットの際、目標引き上げを迫る米国を袖にしたばかりか、習近平国家主席は「共通だが差異のある責任」を根拠に、「先進国がもっと野心レベルを高め、途上国支援を拡充せよ」と要求したのでした。バイデン大統領やケリー特使は、米国をはじめとする先進国が率先垂範して高い目標を示せば、中国などの主要途上国へのプレッシャーとなり、いずれ彼らも目標を引き上げるだろうと考えているのかもしれませんが、かつて他国の同調を期待して25%を掲げた鳩山首相と同じ轍《てつ》を踏んでいるように思えてなりません。看過《かんか》できないのは、欧米諸国を飲み込んだ「カーボンニュートラル祭り」の下で巨大な漁夫の利を得るのは中国であるという点です。

カーボンニュートラル祭りで肥《こ》え太る中国

①世界の太陽光市場を支配

ＩＥＡの世界エネルギー見通しでは、今後最も高い伸びが見込まれるのは太陽光発電だとされていますが、中国は、世界最大の太陽光発電導入量を誇り、世界の太陽光パネル市場の７割を占めています。皮肉なことに中国の太陽光パネル産業を育てたのはドイツで導入されたＦＩＴでした。高い価格で長期間にわたり再生可能エネルギーの買い取りを保証する美味しいビジネスに目をつけた中国メーカーは、安い労働コスト、大規模投資による圧倒的な規模の生産性などで瞬《また》く間《ま》に市場を席巻し、ドイツや日本のメーカーを駆逐《くちく》しました。日本では福島第一原子力発電所事故直後、脱原発と再生可能エネルギー推進を掲げるドイツをモデルにＦＩＴを導入しましたが、急増したメガソーラーに置かれているパネルのほとんどが中国製です。今後、太陽光を拡大すれば、そのお金の相当部分が中国に流れることになるでしょう。

②洋上風力でも追い上げ

風力発電導入量においても中国は世界最大であり、風力発電機メーカーの上位5社のうち2社は中国企業です。今後、導入拡大が見込まれる洋上風力では、英国、ドイツに次ぐ世界第3位の導入量であり、先行する欧州企業を追い上げています。日本では、2050年カーボンニュートラルを実現するため、洋上風力に大きな期待をかけていますが、日本での需要が拡大すれば、太陽光と同様、安価な中国製の風車が入ってくることになるでしょう。

③電気自動車覇権も狙う

EV（電気自動車）でも中国は着々と力をつけつつあります。自動車産業は、国力を測る指標でもあり、中国は、製造業の国家戦略『中国製造2025』において2025年に世界の自動車大国の仲間入りをすると宣言しています。ガソリン自動車では、長い期間かけて培ってきた日米欧のメーカーに対抗することは容易ではありませんが、バッテリーを中核とするEVであれば、日米欧メーカーと同じスタートラインで競争できます。中国では、超安値の小型EVが飛ぶように売れており、日本の佐川急便は、最近、宅配用の軽自動車を中国製ＥＶに切り替え、話題を呼びました。ガソリン車からＥＶへのシフトを急激に進めれば、安さに強みを有する中国製ＥＶを確実に利することになるでしょう。

④グリーン製品の実像

このように世界が脱炭素化に走り、太陽光や風力、ＥＶの導入量が加速すれば、コスト競争力でまさる中国企業の存在感が増すことは確実です。しかし、中国の太陽光パネルや風車、ＥＶ生産に投入される電力の約６割は石炭火力によるものです。中国は、先進国に太陽光パネルや風車、ＥＶを売る一方、その生産過程では大量のCO_2を排出していることになります。しかも、中国製の太陽光パネルに使われる多結晶シリコンの半分は人権抑圧、強制労働が問題視されている新疆ウイグル自治区で生産されています。表向きはグリーンイメージの強い太陽光パネルや風車、ＥＶですが、実態は大きく異なるということです。

⑤戦略鉱物の中国支配

再生可能エネルギーやEVへのシフトは、中国製品の売り上げ拡大に貢献するのみならず、これら技術に使われる戦略鉱物における中国支配への脆弱性《ぜいじゃく》を増すことにもなります。EVのリチウムイオン電池製造に必要な蛍石の6割超、EVや風力のモーター用磁石に使われるレアアースの6割超が中国で生産されており、リチウムイオン電池製造に必要なコバルト鉱石の権益の約4割は中国資本が抑えています。たとえ再生可能エネルギーやEV自体を国産化したとしても、その原材料部分で中国に弱みを握られることになります。2010年の尖閣諸島沖の漁船衝突事故の際、中国は対日レアアース輸出規制を行いました。米中摩擦が激化した際、米国の軍需産業にとって不可欠なレアアース輸出規制の可能性をちらつかせたこともあります。石油の中東依存度が高いことが日本のエネルギー安全保障のアキレス腱といわれてきましたが、再生可能エネルギーやEVへのシフトは、中国依存の高まりという別個の安全保障リスクを増す可能性があるのです。

⑥脱化石燃料は中国の調達コストを低減

先進国における脱化石燃料の動きも中国に有利に働きます。先進国が２０３０年に向けて温室効果ガス大幅削減に苦労している間、中国は２０３０年ピークアウト目標の下で、化石燃料を使って排出量を拡大し続けます。先進国が化石燃料消費を減らせば世界全体での需要削減につながりますので、中国は低廉な価格で化石燃料を調達できることになります。中国が安く調達した化石燃料を使って製造した太陽光パネルや風車、ＥＶを世界中に供給し、国富を増していくというのでは、先進国は馬鹿をみるだけです。

⑦石炭火力輸出停止は中国の市場独占を増すだけ

欧米諸国は、途上国における石炭利用を敵視しており、石炭火力技術の輸出停止を強引に進めようとしていますが、これも中国を利することになります。石炭は今後のエネルギー需要、CO_2排出量増大の太宗を担う途上国において最も豊富に賦存する安価なエネルギー源です。アジア諸国もパリ協定に対応するため、石炭から天然ガスへの転換や再生可能エネルギーの導入などを進めていますが、安価な電力を安定的に供給できる石炭火力をすぐにやめられるものではありません。２０００年から２０１５年までの間に世界で新たに電力供給を受けるようになった12億人のうち、半分弱は石炭火力によって電力の恩恵に浴してきたのです。インドの電力大臣は、「先進国にとってエネルギー転換は化石燃料から再生可能エネルギーへの転換だろう。しかし、我々にとってのエネルギー転換は薪や牛糞から電力への転換を意味するのだ」と言っています。石炭利用がすぐになくならないのであれば、それをできるだけクリーンに効率的に使うのが合理的です。日本の高効率石炭火力技術は世界でも最も高性能であり、ASEANやインドで投融資を行ってきました。しかし、こうした日本の石炭火力技術輸出は、環境NGOの激しい攻撃に晒され、政府部内でも小泉進次郎環境大臣がそれを後押ししました。2020年7月に日本は、石炭火力輸出基準を大幅に強化しましたが、2021年6月に英国のコーンウオールで開かれたG7サミットでは、欧米諸国の強い主張により石炭火力への公的支援の全面停止がコミュニケに盛り込まれました。既に世界銀行は、石炭火力プロジェクトへの融資を停止しており、アジア開発銀行もそれに同調しています。先進国や多国間金融機関が石炭火力への融資をやめれば、その穴を中国が埋めることになるのは火を見るより明らかです。中国は、一帯一路を通じて世界152カ国で数百億ドル（数兆円）をかけて石炭火力の建設を進めてきました。現在でも300を超えるプロジェクトに関与しており、世界で建設中の石炭火力の7割は、中国の資金供給を受けているといわれています。発電所は国家安全保障上、重要なインフラです。先進国が石炭火力建設を拒否するなかで中国が手を差し伸べれば、その国における中国の影響力を増すことにつながります。これは、法の支配や人権を重視する西側民主主義諸国にとって望ましくないことは明らかです。

２０２１年９月21日、習近平国家主席は国連総会において、「中国は発展途上国の低炭素推進を強力に支援し、海外での石炭火力発電所を新たに建設しない」と表明しました。ＣＯＰ26議長国の英国や米国バイデン政権は、中国に対して２０６０年カーボンニュートラル目標の前倒し、２０３０年ピークアウト目標の前倒し、海外における石炭火力発電所建設プロジェクト支援の停止などを強く働きかけてきました。今回の表明は、それに部分的に対応したものです。当然ながら環境ＮＧＯは、「国際的な石炭フェーズアウトに向けた大きな一歩」、「ＣＯＰ26に向けて希望が生まれた」と歓迎していますが、筆者はもっと冷めた見方をしています。まずは多くの途上国との間で建設に合意、あるいは建設を開始しているプロジェクトがすべてキャンセルされるのか、あるいは建設中のものはキャンセルの対象外となるのか、この方針は中国の公的・民間金融機関両方に適用されるのか、民間金融機関は拘束しないのかなどを詰める必要があります。また、中国は、海外への石炭火力発電所建設は行わないとしつつ、国内の石炭火力発電所建設をやめるとはいっておらず、２０３０年、２０５０年目標の前倒しにも応じていません。国際的な脱炭素のプレッシャーの高まりにより、途上国も今後は石炭から天然ガス、再生可能エネルギーに軸足を移しつつあるなか、「海外での石炭火力発電所建設をやめ、途上国の低炭素推進を支援する」ということは、中国製の石炭火力発電所から中国製のソーラーパネルや風車、蓄電池、電気自動車に売り物を変えたほうが得だという判断をしたのでしょう。しかも、これらの「クリーン製品」は、石炭火力発電所を中心とした安価な電力を使って製造されているのです。さらに海外の石炭需要が低下すれば、中国の電力供給に必要な石炭の調達コストは低下します。結局、今回の表明で中国が失ったものはほとんど何もないと思います。「楽なカード」を切ることにより、COP26に向け、喉から手が出るほど成果がほしい米国、英国に貸しをつくったくらいのつもりでいるでしょう。つくづく中国は自国の国益を見据え、したたかに対応していると思います。

中国との国際送電網の罠

中国は、電力相互融通による電力コストの引き下げ、自然エネルギーの普及促進と脱炭素化の支援を目的に掲げ、「グローバル・エネルギー・インターコネクション」という構想を推進しています。その中核にいるのがＳＧＣＣ（中国国家電網公司）であり、アジア地域では、中国や韓国、ロシア、日本の電気事業者（日本はソフトバンクグループ）が国際送電網の構築に向けた合意文書を締結しています。脱炭素化のために自然エネルギー電力を海外から安く調達できることは一見、魅力的に思えます。欧州では、各国が送電網で結ばれ、それが再生可能エネルギーの導入を後押ししていますが、これは、価値観を共有している国々の間であればこそ可能なものであり、法の支配や人権といった基本的価値を共有していない中国主導の国際送電網プロジェクトには安全保障上のリスクがあります。米中対立が激化した場合、あるいは東シナ海や南シナ海情勢が緊迫した場合に送電網遮断の可能性を排除することはできません。かつてロシアは、ＥＵに接近するウクライナに圧力をかけるため、パイプラインによる天然ガス供給を止めたことがあります。日本と中国、韓国との外交関係を考えると、彼らと送電網で接続するというアイデアはあまりにも無防備だと思います。

中国に対する有効な対抗策はあるのか

このように中国は、世界的な脱炭素化の動きを実に巧みに活用し、世界がどちらの方向に進んでも損をしない状況になっています。ＷＴＯに加盟して自由貿易体制の果実をフリーライダーとして享受しつつ、国家資本主義で経済力をつけてきたのと同じ構図です。

中国自身の２０３０年ピークアウト目標を前倒しすることはさして難しいことではありません。中国は、ピークアウト年の前倒しという安い材料で欧米諸国から最大限の譲歩を得ようと考えているのでしょう。２０３０年目標前倒しをコミットしないのも、国内のみならず世界各国で石炭火力発電所を造り続けているのも、中国への期待値をコントロールし、少しの譲歩を高く売りつける戦略の一環だと考えれば実に合理的です。

したたかな中国に対して先進国は、有効な対抗策を持っているのでしょうか。ＥＵで検討されている炭素国境調整措置を活用すべきだという議論があるかもしれません。しかし、既に述べたとおり、国境調整措置で欧米で共同歩調をとることは容易ではありません。炭素国境調整措置の一方的発動は報復措置を招き、貿易戦争につながる恐れがあります。そうなれば、中国への輸出依存の高いドイツが戦線から離脱していくでしょう。既にドイツは、EUや米国、日本、中国などをメインメンバーとした「炭素クラブ（地球温暖化対策に熱心な国々の同盟）」をつくり、そのなかでは、炭素国境調整措置を適用除外にしようといった腰砕けの提案をしています。冷戦時代のソ連と異なり、世界第2位の経済大国となった中国は、巨大な国内市場という面でもサプライチェーンという意味でも、世界経済に深く組み込まれており、中国を叩《たた》けば先進国も返り血を浴びることになります。

こう考えてみると、地球温暖化分野でフリーライダーとして利益を得ている中国に対する決定的な対抗策は見当たりません。確実にいえることは、先進国に厳しく中国に甘い環境NGOの主張に基づき、先進国が内外で環境原理主義的政策を推進すれば、中国がますます肥え太ることになりかねないということです。この問題は、中国の脅威に直面する日本にとって、とりわけ深刻な事態です。

ウイグル人権問題で局面が変わるか

中国が脱炭素化ラッシュから漁夫の利を得る構図に変化をもたらす可能性があるとすればウイグル人権問題です。2021年6月のG7コーンウオールサミットでは、米国と議長国・英国の強いイニシアティブにより、共同声明に台湾問題やウイグル問題が言及され、中国に対して「ルールに基づく秩序」を求める厳しいものになりました。米国では、ウイグル人強制労働に依存しているとされるユニクロなどの綿製品が輸入禁止となり、フランスでは、これら企業のウイグル人権問題への関与が捜査対象になっていますが、ついに同年6月には、米国政府が太陽光パネルを生産する中国企業5社をサプライチェーンから排除するとの措置を発表しました。環境団体や再生可能エネルギー産業は、「太陽光発電が化石燃料並みに安くなった」といっていますが、世界的な太陽光パネルコストの低下を牽引《けんいん》してきた中国メーカーを支えていたのが、強制労働と石炭火力であるというのは何という皮肉でしょうか。

今回の米国政府の措置が、他の西欧諸国にどの程度波及するかはわかりませんが、G7共同声明でウイグルの人権問題を明記した以上、頬《ほお》かむりはできないでしょう。他方、市場で圧倒的なシェアを誇る中国製の太陽光パネルを排除することになった場合、地球温暖化対策の大きな柱となってきた太陽光導入のコストがその分上昇することになります。日本のように安価な中国製パネルに専《もっぱ》ら依存して再生可能エネルギーを拡大してきた国にとっては、とりわけ影響が大きいでしょう。

中国は、こうした一連の動きに激しく反発しています。サミット直前には、外国からの中国制裁に対して報復措置を講ずる「反外国制裁法」を制定し、欧米諸国が人権問題や安全保障問題などについて対中圧力を増せば、「目には目を、歯には歯を」で対抗する構えを示しています。中国は、地球温暖化分野での協力を材料に他の分野で欧米諸国から譲歩を引き出すことを考えてきましたが、こうなると目標前倒しや石炭火力の削減といったカードを切るインセンティブがなくなります。

G7サミットでは、中国の一帯一路に対抗するため、途上国向けインフラ支援を構築することが合意されましたが、途上国のエネルギーインフラ整備において性急な化石燃料排除など、欧米流の考え方を押し付けるものになれば、中国マネーへの依存低下にはつながらないでしょう。むしろ、中国が欧米諸国の独善性を批判し、先進国対途上国の対立を煽る可能性すらあります。

地球温暖化問題は中国問題といってもよく、単なる環境問題ではなく、地政学問題や安全保障問題を含めた大きな構図で考える必要があります。こうしたなかで２０２１年7月に40を超える米国の環境団体がバイデン大統領に対して「中国に対する敵対的な対応を改め、外交と協力に基づく関係を追求すべきだ」との共同書簡を発出しました。おそらく中国政府の働きかけでもあったのでしょう。地球温暖化議論を牽引してきた環境ＮＧＯと中国の親密な関係を象徴するエピソードではないでしょうか。

第9章

日本を滅ぼす3つの原理主義

気候変動サミットで46%目標を国際公約する菅義偉首相（左）と小泉進次郎環境大臣（右）、液晶ディスプレイ画面上は米国のバイデン大統領
出所：2021年4月22日付「首相官邸ツイッター」投稿

バイデン政権の誕生により、欧米における環境原理主義が強まり、中国がしたたかに漁夫の利を得ているなかで、日本の地球温暖化対策の舵取りは非常に難しくなっています。2020年10月に2050年までにカーボンニュートラルを目指すとの長期目標を表明し、2021年4月には2030年までに46％減、できれば50％減の高みを目指すとの目標を表明するなど、菅義偉政権発足以来、日本の政策は大きくグリーンに舵を切っています。菅首相は、「地球温暖化対策は経済成長への制約ではなく、積極的に地球温暖化対策を行うことが、産業構造や経済社会の変革をもたらし、大きな成長につながる」としています。けれども筆者は、「地球温暖化対策を強化すれば経済成長できる」という耳当たりの良い議論には大きな落とし穴があると思います。むしろ既に割高な日本のエネルギーコストをさらに引き上げ、国民負担の増大、産業競争力や雇用の喪失、日本の国力低下につながるのではないかとの強い危惧を感じています。

京都議定書の苦い教訓とコスト意識

日本は、京都議定書の苦い経験を踏まえ、目標設定においてコストを強く意識するようになりました。グローバルな問題である地球温暖化の防止に貢献することは当然のことです。他方、主要国の中で日本だけが突出して高い削減負担を負うこととなれば、産業競争力の低下や雇用喪失のリスクが高まります。ポスト京都枠組み交渉の際に、麻生政権が中期目標検討委員会を立ち上げ、モデル分析などを通じて日本と欧米の削減コストを詳細に比較して２００５年比15％減という目標を決めたのはこうした考えに基づくものです。残念なことに政権交代によって誕生した鳩山内閣はこうした検討をまったく行わず、目標を１９９０年比25％減に一気に引き上げてしまいました。この目標との辻褄《つじつま》を合わせるため、２０１０年に策定された第三次エネルギー基本計画では、総発電量に占める原子力の比率を２０２０年に50％、２０３０年に70％に引き上げるとの目標を掲げました。この時点では、エネルギー安全保障と温室効果ガス削減をできるだけ低コストで実現する手段として原子力が重視されていたのです。

福島第一原子力発電所事故と反原発原理主義

しかし、２０１１年３月の東日本大震災に伴う福島第一原子力発電所事故によって、日本のエネルギー・地球温暖化政策をめぐる状況は大きく変わってしまいました。水素爆発によって原子炉建屋が破損し、放射性物質が大気中に放出されたことは、「日本の原発は世界一安全」という信頼感を根底から覆《くつがえ》し、反原発世論を支配的にしてしまいました。福島第一原子力発電所事故以前にも反原発運動は存在していましたが、大きなうねりにはなっていませんでした。原子力は、日本のエネルギー安全保障上、重要であるという認識は比較的広く共有されていたからです。その意味で福島第一原子力発電所事故は、反原発団体にとって願ってもないチャンスだったでしょう。

本書のタイトルは『亡国の環境原理主義』ですが、福島第一原子力発電所事故後に、まず日本を席巻したのが反原発原理主義でした。原発事故が起きたとき、政権を担っていたのが統治能力の乏しい菅直人《かんなおと》首相であったということも日本にとって不幸でした。菅政権の下で発足した原子力規制委員会は法的根拠なしに「半年をめどに抜本的に強化された新規制基準に基づく審査を行うのですべての原発を一旦停止する」との方針を打ち出しました。これによって日本の総発電電力量の3割弱を占めてきた原発が次々に停止していきました。再生可能エネルギーに対する期待が高まり、ドイツをモデルにＦＩＴが導入されましたが、それによる再生可能エネルギーの導入拡大は原発の穴を埋めるにはまったく足りませんでした。大停電を避けるため、ＬＮＧ（液化天然ガス）火力や石炭火力はいうに及ばず、老朽化した石油火力までが総動員され、ＬＮＧ火力や石炭火力発電所の新設も続きました。これは、化石燃料輸入コストの増大、電気料金の上昇、ＣＯ$_2$排出量の増大をもたらしましたが、「原発以外であれば何でもよい」という状況でした。

それでも新規制基準を満たした原発が順次再稼働していけば、この状況は改善していくはずでした。しかし、民主党政権は２０３０年代の脱原発を掲げました。原子力規制委員会の適合性審査は半年どころか遅れに遅れ、東日本大震災後10年経過しても再稼働した原発は未だに10基にすぎません。原子力規制委員会の規制運用が「原発を安全に稼働させる」よりも「原発を止めておく」ことに主眼を置いているといっても過言ではありません。

世界で最も厳しい新規制基準に基づいて多重防護の安全対策を講じた原発は、事故を起こした福島第一原子力発電所と異なり、すべてのエネルギーインフラの中で桁違いの強靭性を有しています。エネルギー政策の基本は安全性（Safety）を大前提としつつ、エネルギー安全保障（Energy Security）、環境保全（Environmental Protection）、経済効率性（Economic Efficiency）というエネルギー政策の3つの「E」を追求することです。そのためには、さまざまなエネルギー源の強みと弱みを考慮しながら、ベストミックスを追求するのが筋であり、原子力もその打ち手のひとつであるはずです。その意味で「何が何でも原発はゼロ」として自らの手段を限定してしまう反原発原理主義は、まったく合理的ではありません。しかし、福島第一原子力発電所事故のトラウマはあまりに強く、こうした情緒的な議論は依然として横行しています。反原発団体はもちろん、朝日新聞や毎日新聞、東京新聞のように公然と反原発を掲げるメディアが原子力に関してあらゆるネガティブキャンペーンを行っていることもそれに拍車をかけています。この状況は、自民党政権が復活したあとも続いており、世論の反発を恐れる政権が原発問題に正面から向き合わないまま、いたずらに時間が流れています。

反原発原理主義と表裏一体の再生可能エネルギー原理主義

反原発原理主義と表裏一体で台頭したのが再生可能エネルギー原理主義です。東日本大震災前、太陽光発電や風力発電のように天候に左右される間欠的な再生可能エネルギー電源は、電力需給の安定性に責任を有する電力会社にとって「厄介《やっかい》な存在」でした。導入拡大ペースも年率９％程度と緩やかなものでした。しかし、福島第一原子力発電所事故後の原発全停止が化石燃料の輸入急増、CO_2排出増大という問題をもたらすなかで、「無尽蔵のクリーンな国産エネルギー源である再生可能エネルギーを最大活用しよう」という議論が大きく盛り上がりました。

反原発派は、脱原発と再生可能エネルギー促進を掲げるドイツこそが日本のお手本であると論じ、ドイツの制度を模したＦＩＴが２０１２年に導入されました。非常に割高な買取価格を設定したこともあり、ＦＩＴ導入後５年間で再生可能エネルギー電力の導入は、メガソーラー（１０００キロワット以上の大規模太陽光発電）を中心に年率22％で急増しました。同時に、これは再生可能エネルギー賦課金の大幅な拡大をもたらしました。２０１２年の制度発足当初１８００億円であった買取費用は、２０２０年には３・８兆円に達しています。それによるCO_2削減効果を考えると１トン当たり３万円の削減コストを払ったことになります。省エネなど日本のその他の地球温暖化対策事業のCO_2削減の１トン当たりコストが１０００～３０００円であることを考えるとずば抜けて割高な政策であり、まさしくドイツと同じ失敗の道を歩んでいるといえるでしょう。反原発団体やメディアは、「今や脱原発と再生可能エネルギー推進が世界の流れ。ドイツを見習い、バスに乗り遅れるな！」との大合唱ですが、筆者の目には、「日独伊三国軍事同盟は世の流れ。バスに乗り遅れるな！」と叫んだ帝国陸軍の姿と重なって見えます。

原発と再生可能エネルギーを二者択一の対立概念で捉え、原発を段階的に廃止し、再生可能エネルギーで代替し、さらには発電電力量を100％再生可能エネルギーにすべきだという議論がよく聞かれます。これは、エネルギー政策上の目標達成の手段のひとつである再生可能エネルギーの導入拡大自体が自己目的化した再生可能エネルギー原理主義というべきものであり、反原発原理主義と同様、まったく合理的ではありません。既存の原発1基を太陽光発電で代替するためには、出力変動に対応するための蓄電池も含めればJR山手線の内側を上回る膨大なスペース（原発の110倍以上）と余分なコスト（4・8兆円）がかかり、しかも同じ脱炭素電源ですからCO_2削減には何も貢献しないのです。これほど馬鹿げた投資はないでしょう。日本で原発の役割を重視する論者の中に、再生可能エネルギーゼロを主張する人は皆無なのですが、再生可能エネルギー推進を叫ぶ人の多くは、原発ゼロを叫ぶ反原発原理主義者と重なっています。どちらも国産の非化石電源（わずかなウラン燃料で大量の電力を発電できる原子力は「準国産エネルギー」と定義されています）であり、エネルギー安全保障や地球温暖化防止に貢献できるにもかかわらず、「再生可能エネルギーか、原子力か」という二項対立の設定は、日本のエネルギー政策議論を大きく歪めてしまっています。

パリ協定とエネルギーミックス

パリ協定の下で表明する２０３０年目標の裏づけとなるエネルギーミックスの議論は、難航を極めました。エネルギーミックスの策定に当たっては東日本大震災後、化石燃料の輸入増によって大幅に低下したエネルギー自給率を、東日本大震災前の25％を上回る水準まで回復させる、上昇した電力コストを現在よりも引き下げる、欧米諸国に遜色《そんしょく》ない目標をだすという3つの要請を満たすことが求められました。その結果、発電電力量に占めるシェアについては、再生可能エネルギー22〜24％、原子力22〜20％、天然ガス27％、石炭26％を目指すとされました。まず再生可能エネルギーと原子力という非化石電源の導入拡大により、化石燃料の輸入代金を節約します。節約した燃料購入費で再生可能エネルギー導入拡大に伴うＦＩＴの補助コスト増大を吸収し、全体としては電力コストを引き下げようというのです。各電源のシェアを増減させた場合のCO_2排出や電力コストへの影響も評価しています。地球温暖化目標を追求しつつも、可能な限りコストを抑制しようというもので苦心のあとがわかります。このエネルギーミックスを根拠に、２０３０年の温室効果ガス排出量を２０１３年比で26％削減するという日本の目標が策定されたのです。

長期戦略と野心的複線シナリオ

パリ協定においては、２０３０年目標のみならず、２０５０年に向けた長期戦略を策定することも促されており、日本は、２０１９年に２０５０年までに80％削減を目指すとの長期戦略を提出しました。この２０５０年80％目標は、２０２０年26％とは性格を異にしています。２０３０年目標は、現在のエネルギーインフラを前提に実現可能性を重視したボトムアップの「ターゲット」であるのに対し、２０５０年80％目標は、革新的技術開発により、２０３０年以降に急速に排出削減が進むことを想定していました。

脱炭素化に向けた技術としては、再生可能エネルギーと蓄電池の組み合わせ、水素やCCUS、次世代原子力技術などの脱炭素技術がありますが、コスト低下やパフォーマンスの向上がどの程度進むかには不確実性があります。技術的不確実性以上に、地政学あるいは地経学的情勢は不透明です。このため、２０５０年のエネルギーミックスを決め打ちせず、さまざまな可能性をオープンにした野心的な複線シナリオで80％減という方向性を目指すこととしたのです。80％目標が特定数値を狙う「ターゲット」ではなく、大きな方向性としての「ゴール」とされたのは、それが理由です。まずは、２０３０年目標を着実に実現し、同時に革新的技術開発を進め、２０３０年以降、非連続的な形で80％削減を確保しようというのが２０１８年に策定された第五次エネルギー基本計画の考え方でした。しかし、２０２０年９月の菅義偉内閣発足以降、日本のエネルギー・地球温暖化政策をめぐる状況が大きく変わりました。

カーボンニュートラルの阿波踊りに参加した日本

２０２０年10月末、菅義偉首相は、所信表明演説において２０５０年カーボンニュートラル目標を表明しました。ＥＵは、既に２０５０年カーボンニュートラルを表明し、２０３０年目標を１９９０年比40％減から55％減に引き上げており、２０２０年９月の国連総会では、習近平国家主席が２０６０年ネットゼロエミッション表明を行っていました。バイデン政権が誕生すれば、米国もネットゼロエミッション目標を掲げることが確実視されていました。グレタさんやグテーレス国連事務総長が各国の目標引き上げとネットゼロエミッション表明を促すなかで、２０５０年ネットゼロエミッション目標を表明した国は１２０カ国以上にのぼっています。時流に乗って何らかのカーボンニュートラル目標を掲げる企業は70社を超え、自治体レベルでも23都道府県、91市、２特別区、41町、10村が２０５０年ＣＯ$_2$排出実質ゼロを表明しています。言い方は悪いですが、国内外問わず、２０５０年ネットゼロエミッション表明の大風呂敷大会が行われているような状態でした。「踊る阿呆《あほう》に見る阿呆、同じ阿呆なら踊らにゃ損、損～♪」というノリで日本もカーボンニュートラルの阿波踊りに参加したのです。

「多くの自治体や企業が２０５０年カーボンニュートラルを掲げている。政府が確固たる方向を示すことが民間企業にとっても望ましい」という議論もあるでしょう。しかし、市町村や企業と異なり、国全体を与《あずか》る日本政府の表明は各段に重みが違います。例えば、企業が調達電力をゼロエミッション化するのと国全体の電力供給をゼロエミッション化するのではまったく意味が違います。日本は、２０５０年80％減を目指すという長期戦略を２０１９年６月に策定したばかりでした。わずか１年数カ月で20％も目標を上乗せできる客観的条件が整ったとはとても思えません。

２０５０年ゴールと２０３０年ターゲットのリンケージ

２０５０年80％目標と同様、カーボンニュートラルは進むべき方向性、あるいはビジョンであり、重要なことは、それを実現可能にするための革新的技術開発です。２０２０年12月には、経済産業省が『２０５０年カーボンニュートラルに伴うグリーン成長戦略』を発表しました。「経済と環境の好循環」をつくっていくための産業政策という位置づけで、カーボンニュートラルに向けて成長が期待される14の産業分野、技術についてコスト目標、パフォーマンス目標などを設定し、その実現に向けて予算や税、金融などの政策を総動員するというものになっています。脱炭素化に向けた革新的技術開発や重点産業を支援するという考え方自体は至極真っ当なものです。

しかし、今回のグリーン成長戦略の最大の特色は、80％目標の際と異なり、参考値という位置づけではありますが、２０５０年カーボンニュートラルの具体的な絵姿が示されていることです。実現可能性は大いに疑問ですが、その絵姿によれば、２０５０年に電力部門を完全に脱炭素化し、発電電力量の50～60％程度を再生可能エネルギー電力で、30～40％程度を原子力あるいはＣＣＵＳ付き火力で、10％程度を水素発電で賄うこととされています。非電力部門については可能な限り脱炭素化された電力で電化し、電化困難な分野については、水素やメタネーション（水素とCO_2からメタンを生成する技術）、合成燃料、バイオマスなどで脱炭素化を行います。そして鉄鋼やセメントなどで化石燃料の使用が依然必要な場合は、植林やCO_2のＤＡＣＣＳ（直接空気回収・貯留）でカーボンニュートラルを実現するとしています。また、再生可能エネルギーの中では、洋上風力に高い期待を寄せており、２０３０年に10ギガワット（１０００万キロワット）、２０４０年に30～45ギガワット（３０００万～４５００万キロワット）を導入するとの量的目標が、国産化率目標60％、２０３５年までに１キロワット時当たり８～９円というコスト目標とともに掲げられています。

２０２１年７月から第六次エネルギー基本計画の検討が始まりました。パリ協定では

5年に一度、国別目標の見直しを行うこととされており、２０３０年エネルギーミックスについても進捗状況のレビュー・見直しが必要となっています。そうしたなかで、さまざまな不確実性があるにもかかわらず、２０５０年のエネルギーミックスを示し、２０３０年、２０４０年の洋上風力導入目標を示すということは、２０３０年エネルギーミックスの検討に反映させることを意図したものです。長期的な願望であり、さまざまなイノベーションの可能性を考慮できる２０５０年目標と、わずか9年後で打ち手が限られる２０３０年目標では事情がまったく異なるのですが、両者の間に無理矢理つながりをつけたということです。

失敗の歴史を繰り返す46％目標

２０２１年4月22日、菅義偉首相は地球温暖化対策本部において、「２０３０年に温室効果ガスを２０１３年比46％減とすることを目指し、さらに50％減の高みに向けて挑戦を続ける」との方針を打ち出し、同日の米国主催の気候変動サミットにおいて、この目標を国際公約しました。

菅首相の新目標設定や気候変動サミットの結果をみるにつけ、地球温暖化交渉で闘ってきた元交渉官としては、「あぁ、また失敗の歴史を繰り返すのか」と暗澹《あんたん》たる気持ちになりました。第2章で述べたように日本は、気候変動交渉で米国にそそのかされ、1990年比6％削減目標をコミットし、巨額の国富流出を強いられました。2009年のポスト京都議定書交渉の際には、鳩山内閣の下で「主要国の参加する公平で実効ある枠組みと野心的な目標の合意」を条件に、無謀な1990年比25％削減目標をコミットしましたが、日本に倣って目標引き上げをする国はどこもありませんでした。両者に共通しているのは、日本の国益に決定的な影響を与えるエネルギーコストへの考慮がまったくないことです。

今回の目標は、2050年カーボンニュートラル目標と現在の排出量を直線で結び、2030年時点の削減率をだすという実に乱暴なものでした。菅首相は、地球温暖化対策本部後の記者会見において「経済産業省、環境省、政府をあげて積み重ねてきた結果」と説明していますが、新聞報道によれば、エネルギーミックスの検討を行っている経済産業省は「再生可能エネルギーを最大限積み上げても2013年比40％減に届かない。魔法のような解決策はない」とする一方、環境省は45％、小泉進次郎環境大臣に至っては50%を主張していたとされています。日本経済が被るコスト負担について真剣に考慮したとはとても思えません。

現行の26%減目標設定の際は、エネルギー自給率を東日本大震災前の水準まで戻す、電力コストを今よりも引き下げる、諸外国に遜色のない目標をだすという３つの要請を満たすエネルギーミックスに裏打ちされたものでした。今回の目標引き上げは、第六次エネルギー基本計画の見直しに先行して行われたものであり、その根拠は、「米国は２００５年比50%減に近い数字をだすだろう。ＥＵは既に１９９０年比55%減目標を出している」という数字の横並びに引きずられたものでしかありません。

欧米に比して不利な日本

２０３０年目標を追求するうえで日本は、欧州や米国と比較して圧倒的に不利な条件を抱えています。欧州は、北海に豊かな風力資源、南欧に豊かな太陽光資源を有し、各国を接続する送電線でこれら変動性再生可能エネルギーを域内全体で吸収しやすい状況にあります。また、安定的な非化石電源である原子力や水力を擁《よう》するフランス、スウェーデン、ノルウェーがあります。米国では、安価な国産シェールガスを使った天然ガス火力が補助金に頼らずに石炭火力を代替しています。また良好な風況や日照条件を有する広大な土地に恵まれ、太陽光も風力も導入しやすい状況にあります。原発の60年運転は当たり前、80年運転も実現しつつあります。バイデン政権は、原子力やCCUS、再生可能エネルギーなど、すべてのオプションを追求する構えです。

翻《ひるがえ》って日本は、国内に化石燃料資源を有さず、国際競争力に大きな影響を与える産業用電気料金は、主要貿易相手国である米国や中国、韓国などの2〜3倍と主要国中最も高い状況にあります。東日本大震災前、エネルギー安全保障と温室効果ガス削減を同時に追求する手段とされていた原子力については、「原子力依存度をできるだけ低下する」との第四次エネルギー基本計画以来の方針に縛られ、原子力の新増設はタブーとされています。それどころか未だに「再生可能エネルギーか、原子力か」という無意味な二元論が横行し、再稼働すら足踏みしている状況です。46％減目標のマグニチュードは、京都議定書の6％減目標や鳩山25％減目標よりもはるかに大きいことに加え、京都目標や鳩山目標の頃は原子力利用に制約がなかったことを考えると、地合いがはるかに悪いと言わざるを得ません。

日本は再生可能エネルギー資源に恵まれていない

「だからこそ国産エネルギー源である太陽光や風力などの再生可能エネルギーを使うべきではないか」という議論があるでしょう。太陽光や風力といった変動性再生可能エネルギーの最大の欠点は、日が照るとき、風が吹くときしか発電しないことです。必要なときに必要なだけ発電できる火力や原子力、水力と異なり、他の電源によるバックアップや蓄電池を必要とし、自立できない電源なのです。新聞は「原発１基分の１ギガワット（１００万キロワット）のメガソーラー」とか「太陽光発電が原子力発電より安くなった」と喧伝しますが、原発１基分と同等の電力を発電するためには、５・８ギガワット（５８０万キロワット）分の太陽光パネルとＪＲ山手線の内側に相当するスペースを必要とします。１ギガワットのメガソーラーと原発とを比較することは大間違いなのです。太陽光や風力の導入量が増大すれば、送電網の拡張が必要となります。加えて出力変動があっても電力需給を常にバランスさせるため、火力による調整運転、蓄電池の設置が必要になります。原発とのコスト比較をするならば、こうした統合費用も上乗せしなければ意味がないのです。

世界的に太陽光や風力のコストは大きく低下しており、日本でも低下傾向にあります。これは歓迎すべきことですが、日本の再生可能エネルギーコストは高い土地代や労働コスト、工事コストなどを背景に国際水準の２倍程度で推移しており、国際価格への収斂には程遠い状況です。それほどコストが低下しているならば、再生可能エネルギー賦課金などすぐに停止できるはずですが、そうはなっていません。

要するに太陽光や風力は、すべての国に存在するものの、化石燃料の賦存量が国によって異なるのと同様、経済的に活用できる再生可能エネルギー資源量についても国によって違いがあるのです。日本は、太陽光発電に適した平地面積が少なく、ＦＩＴによってメガソーラーの開発が進んだ結果、平地当たり太陽光設置量では既に圧倒的に世界一になっています。平地では足りず、山の斜面にも森林を伐採して多くのメガソーラーが設置されてきましたが、景観を損ねる、豪雨でパネルが崩落すると危険であるなどの理由でメガソーラーの設置を規制する条例を制定する自治体が急増しています。２０２１年７月、静岡県熱海市の伊豆山で大規模な土石流災害が発生しましたが、土石流の起点にあった盛り土とその崩落、そこからわずか数百メートルのところにあるメガソーラーと、そのための森林伐採が相まって土石流の原因になったとの指摘があります。両者の因果関係の解明が待たれますが、今回の災害を契機に山肌に建設するメガソーラー計画に対する反対運動がさらに強まることになるでしょう。加えて、ウイグル人権問題の関連で米国のように中国からのパネル調達禁止ということになれば、安い中国製パネルに専ら依存した日本の太陽光導入のコストは大きく上昇します。

太陽光以外の再生可能エネルギーについても良い材料がありません。陸上風力や地熱発電の適地は国立公園内に多く存在し、厳しい開発規制を受けています。地熱については、世界第３位の地熱資源を有しているにもかかわらず、熱湯の枯渇を恐れる温泉組合からの強い反対があり、開発が進んでいません。

グリーン成長戦略で洋上風力が特筆された背景は、こうした手詰まり状態によるものですが、日本の海は北海地域のように遠浅ではなく、良い風の吹く沖合ではコスト高の浮体式風力に頼らざるを得ません。また、日本の沖合の海は夏の間、風が非常に弱まるため、北海地域の洋上風力の年間設備利用率が55％であるのに対し、日本のそれは35％程度にとどまるといわれています。このことは、欧州並みの競争力ある発電コストを実現することが不可能であることを意味します。

加えて、欧州のように近隣国と送電網が接続されていないため、太陽や風力の出力変動分をすべて国内で吸収しなければなりません。さりとて中国や韓国、ロシアと送電網を接続することは国家安全保障上、あまりにもリスクが大きいのです。

このように、残念ながら日本は化石燃料に恵まれていないのみならず、再生可能エネルギー資源においても諸外国に比して大きなハンディキャップを負っている状況なのです。再生可能エネルギー100％という議論は、こうした現状を無視した妄言《もうげん》でしかありません。

3つの原理主義が日本を滅ぼす

欧米が主導する2050年カーボンニュートラル目標に乗っかり、そこから直線を引いて2030年目標を設定するというアプローチは、1.5℃目標を絶対視する欧米の環境原理主義に「右へ倣え」したことを意味します。日本の場合、福島第一原子力発電所事故以降、反原発原理主義と再生可能エネルギー原理主義という2つの原理主義が横行してきました。それでも何とかエネルギーコストの上昇を抑制できたのは、安価でエネルギー安全保障上も優れた石炭火力を一定程度維持してきたからです。これに環境原理主義が加わったことにより、石炭火力のフェーズアウト圧力も高まるでしょう。環境原理主義者＝反原発原理主義者＝再生可能エネルギー原理主義者は、まさしくそれを企図しています。今や境原理主義者は、ターゲットを石炭から化石燃料全体に広げており、早晩、天然ガス火力も攻撃対象になるでしょう。他の手段をすべて封じたうえで再生可能エネルギー目標の上積みを行えば、ただでさえ主要国中最も高い産業用電気料金がさらに上昇し、日本の製造業の産業競争力と雇用に悪影響がでることが確実です。かつて二度の石油危機が世界を席巻するなか、日本は、省エネ努力とエネルギー源多様化努力によって、この危機を乗り切りました。今回は、環境原理主義に帰依する米国とEU、経済成長を優先する途上国と世界が「斑模様《まだら》」にあるなかで、あらゆる面で米国やEUよりも恵まれない状況にある日本が、反原発原理主義、再生可能エネルギー原理主義、環境原理主義に翻弄《ほんろう》され、自らの手足を縛ったままで経済的破綻《はたん》の道を歩んでいるとしか思えません。しかも石油価格のような外的要因ではなく、日本人自身の手で日本が内側から壊されようとしているのです。

第10章

脱炭素化にどのように取り組むべきか

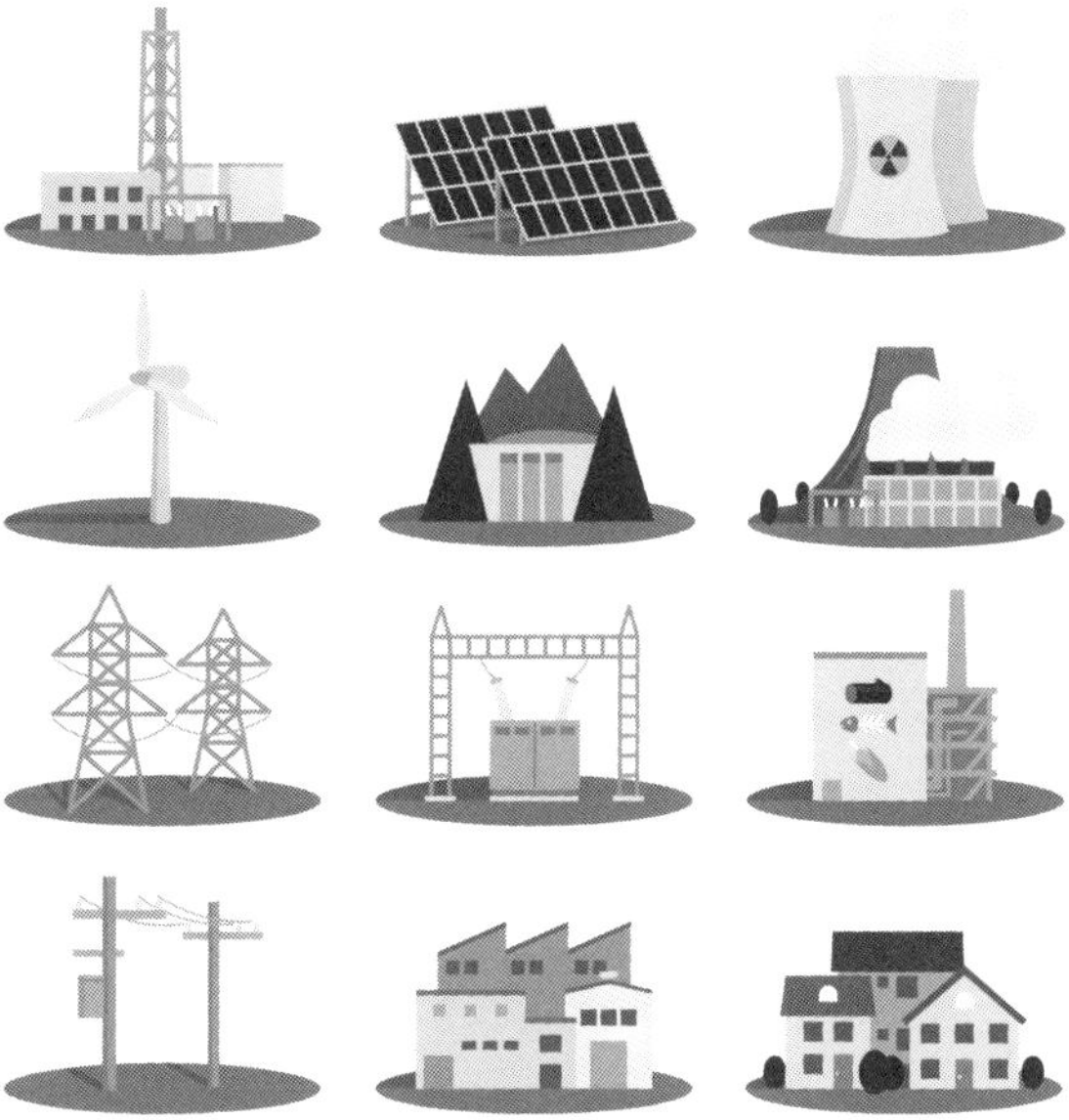

「環境と経済の好循環」とは何なのか

菅義偉首相は、2050年カーボンニュートラルを表明した際、「もはや地球温暖化への対応は、経済成長の制約ではなく、積極的に地球温暖化対策を行うことが産業構造や経済社会の変革をもたらし、大きな成長につながるという発想の転換が必要だ」、「成長戦略の柱に経済と環境の好循環を掲げて、グリーン社会の実現に最大限注力する」と言いました。

「環境と成長の好循環」あるいは「環境と経済の両立」は、誰もが賛成する大変便利なキーワードですが、同じ言葉を使っていても論者によって解釈はまったく異なります。「日本の長期目標を2050年ネットゼロエミッションに引き上げ、新たな国別目標もそれと整合した野心的なものにするという条件をあらかじめ設定し、それを最小のコストで達成できるエネルギーミックスを考える」というのも、「日本の電力コストをこれ以上引き上げないようにしつつ、最も温室効果ガス削減を達成できるエネルギーミックスを考える」というのも、「環境と経済の好循環」です。

筆者は、環境目的先にありきの議論には与《くみ》しません。温室効果ガスの削減が必要であることは事実ですが、2050年に温室効果ガスをゼロにしないと世界が滅亡するなどとはIPCCは一言もいっておらず、宗教的な終末論や末法思想にすぎません。また、何度もいうように「地球温暖化対策が経済成長への制約ではない」とするならば、各国は争って地球温暖化対策を強化するはずであり、地球温暖化問題が深刻化するはずがありません。地球温暖化交渉があれほど難航することもなかったでしょう。経済に新たな制約条件を付ける以上、必ずコストは発生します。

問題は、地球温暖化対策と経済のバランスをどうとるかということです。コロナ禍のときに経験したように、経済や雇用が疲弊した状態では、環境対策どころではありません。大気汚染や水質汚濁のように現実の健康被害が明らかであり、対象地域も特定され、対策の成果を体感できる地域環境問題であればともかく、地球温暖化問題のように原因となる行為が世界全体に及び、日本がどれだけ努力しても温室効果ガス削減の効果は地球全体でシェアされ、努力した者が自分自身へのメリットを体感できないような性格の問題に多大な経済コストをかけることへの国民的合意があるとは思えません。

世界はどの程度脱炭素化に進むのか

「脱炭素化は世界的な流れであり、バスに乗り遅れてはならない」という議論がよく聞かれます。しかし、重要なことは性急かつ盲目的に流行を追うのではなく、世界情勢に対するアンテナを高く張り、地球温暖化防止というスローガンがどの程度、現実の行動につながっているかを冷静に見極めることです。

２０５０年全球カーボンニュートラルというスローガンの実現可能性には、大きな疑問があります。２０２１年5月にＩＥＡが『ネットゼロ２０５０』というレポートを発表しました。国際社会で声高に語られる２０５０年カーボンニュートラルを実現するためには、世界のエネルギーシステムがどのように変わる必要があるかを示したものです。そこでは、先進国は２０５０年ではなく２０４５年までにネットゼロエミッションを達成し、２０５０年までにバイオマスＣＣＳ（生物資源を利用したCO_2回収・貯留）などによってネガティブエミッションを達成することになっています。これ自体、実現可能性が大いに疑問なのですが、途上国については、現時点から排出量が減少を続け、２０５０年を少し超えた段階でネットゼロエミッションを達成するという絵姿になっています。現実には、中国もインドも現時点から温室効果ガスを減らすことはまったく考えていません。これから経済を発展させたい途上国はなおさらそうです。日本の2050年ネットゼロエミッション目標の根拠となっている2050年全球カーボンニュートラルは、現時点で既に崩壊しているも同然です。

「途上国はともかく、先進国は率先垂範してネットゼロエミッションを目指すべきだ」という議論もあるでしょう。それでは、米国の2030年50～52％減という目標は本当に実現するのでしょうか。現在の米国議会情勢を考えれば、それを可能にするような新たな法律を導入することは考えられません。2021年4月に発表した2兆ドル（約220兆円）のインフラ投資計画だけでは、とても大幅な排出削減は困難であり、それすら大きな政府を忌避《きひ》する共和党との調整で規模が大幅に縮小しています。2022年には中間選挙を控え、化石燃料産出州を敵に回すような政策も困難です。再び政権交代が起きれば、バイデン政権の地球温暖化目標、政策が白紙に戻ることは確実です。

環境原理主義的な傾向が根深い欧州では、政策が目に見えて変わることは考えにくいでしょう。しかし、スローガンとは裏腹に、米国では炭素税や排出量取引といった強制力のある施策はなかなか導入されない、途上国は引き続き経済成長に最大のプライオリティを置き、厳しい炭素制約は導入されないという状況が続いた場合、欧州だけが「率先垂範して」どこまでエネルギー・地球温暖化対策コストを引き上げ続けることができるでしょうか。炭素国境調整措置は、そのために検討されているツールですが、その広範な実施には、さまざまな障害があることに加え、中国の報復を恐れるドイツが中国を適用除外にする案を口にしていることは既に述べたとおりです。世界最大の排出国である中国を適用免除にして、一体どの国を対象に措置を発動するというのでしょうか。そう考えると欧州でも野放図にコストが上昇することにブレーキがかかる可能性が大いにあります。

世界が長期的に脱炭素化に向かっていくことは間違いありません。しかし、特定の温度目標を根拠にした2050年全球カーボンニュートラル目標が声高に叫ばれるとしても、現実の道行きはもっと緩やかなものになると思われます。コストが高くても自動車が馬車を、携帯電話が固定電話を急速に代替した理由は、コスト高を補ってあまりある圧倒的な利便性の向上があったからです。エネルギーシステムは、大規模投資を伴い、変化に時間がかかること加え、石炭火力であろうと再生可能エネルギーであろうと電力は電力であり、それ自体に利便性の違いはありません。エネルギーシステムの脱炭素化が今後の地球温暖化防止のカギを握る途上国も巻き込んで世界全体のうねりになるためには、補助金に頼らずとも既存のものと同程度のコストまで下がることが不可欠です。そうならない限り、ネットゼロエミッションというスローガンをいくら連呼しても現実がついてこないでしょう。

2030年46%目標とどう付き合うか

このように脱炭素化に向けた世界の動きが一筋縄でいかないなかで、日本はどう対応していくべきでしょうか。筆者は、46%目標については極めて批判的ですが、一国の首相が国際公約した以上、今さら撤回もできません。それに中国の脅威が高まるなかで、日米同盟を何としてでも盤石《ばんじゃく》なものにしなければならない、そのためには、米国が重視する地球温暖化防止で協力姿勢を示す必要があるという事情を考えれば、誰が首相をやっていたとしても大幅な目標引き上げは避けられなかったでしょう。だとすれば、我々がとるべき道は46%目標と「合理的に」付き合っていくことしかありません。

①46％は必達目標ではない

第一に、日本の2030年46％目標は努力目標ではあっても、いかなる犠牲を払っても達成せねばならない目標ではないと腹を括《くく》ることです。パリ協定の国別目標は、国際合意でも条約上の義務でもありません。達成できないからといって罰則を受けるわけではありません。

これまで日本は、緻密《ちみつ》にエネルギーミックスを積み上げ、その実現に全力を傾注してきました。今回の46％目標は、そういったプロセスを経ることなく、欧米に右へ倣えし、2050年カーボンニュートラル目標から直線的に逆算した数字にすぎません。日本の2050年カーボンニュートラル目標は、2050年全球カーボンニュートラルという地球全体の目標の一環をなすものですが、中国やインドの状況を考えれば、2050年全球カーボンニュートラル目標は、現時点で既に崩壊しています。さらに、日本の2050年カーボンニュートラル目標自体も多くの不確実性があります。多くの不確実性がある2050年目標から逆算した46％目標を、他国の動向やコストを度外視して遮二無二《しゃにむに》達成しようとすれば、日本だけが損をすることになります。そもそも日本が汗水たらして排出量をゼロにしたとしても、2030年ピークアウトを掲げる中国は、今後5年間で日本1カ国分に相当する排出量を増大させ、世界の温度には何の効果もないのです。日本がカーボンニュートラルを実現すれば、豪雨や台風による被害を減らせると考えるのは大きな誤解です。

②目標達成のための「値札」を明確にする

第二に、2030年46％減、2050年カーボンニュートラルという目標を達成するために電気料金はどの程度上昇するのか、「値札」をはっきりさせることです。RITE（地球環境産業技術研究機構）は、グリーン成長戦略に盛り込まれた参考値（発電電力構成の50〜60％を再生可能エネルギー、30〜40％を原子力とCCUS付き火力、10％を水素）の場合、電力コストが現在の2倍になると試算しています。一部で主張されているような再生可能エネルギー100％にした場合、電力コストは4倍以上に跳ね上がるとのことです。しかし、2050年の見通し以上に重要なのは、これから2030年までのエネルギーコスト見通しです。2030年時点では、水素やCCUSといった革新的技術の活用を期待できません。現在のエネルギー技術で目標達成する以上、ある程度の確度のあるコスト見通しがだせるはずです。

原子力については、30基の原発を目いっぱい再稼働させて発電電力量の20〜22％を賄うこととしていましたが、現時点で再稼働しているのは未だに10基にとどまっています。非化石電源（再生可能エネルギー＋原子力）のシェアを現行目標の44％から60％に引き上げると報道がありますが、原子力のシェア増大は見込めないので、増分はすべて再生可能エネルギー、しかも、そのほとんどは太陽光発電で賄われると見込まれます。電力中央研究所は、46％目標への引き上げをすべて太陽光発電で賄った場合、２０３０年の太陽光発電の導入量を現行見通しの64ギガワット（６４００万キロワット）から２２０ギガワット（２億２０００万キロワット）へと3・4倍拡大する必要があると試算しています。買取価格を1キロワット時当たり20円とすると、買取費用は２０３０年時点の現行見通し3・6兆円を大幅に上回り、6・7兆円に拡大します。このコスト負担はどうするのでしょうか。仮にウイグル人権問題に対応して中国製のパネルを排除すれば、日本の太陽光導入コストはさらに上昇することになりますが、そのコストはどうなるのでしょうか。

現行目標で26％とされている石炭火力のシェアは、さらに引き下げられることになるでしょう。化石燃料火力の中で天然ガス火力を増大させた場合、ＬＮＧの輸入拡大につながりますが、低炭素化を目指して中国をはじめアジア諸国が石炭から天然ガスへの転換を進めれば、調達コストが上昇することになります。特に代替電源である原発がきちんと稼働していなければ、日本は売り手に対する価格交渉力を失うので、高値でＬＮＧを引き取る羽目になる恐れがあります。２０２１年1月にアジアのＬＮＧ需給が逼迫《ひっぱく》し、卸電気料金が急騰した教訓を忘れてはいけません。

これらは、すべて電気料金を上昇させる方向に働きます。主要国中最も高価な産業用電気料金がどの程度上がるのか、それが産業競争力に与える影響をどうするのか、家庭用電気料金の上昇に伴う低所得者層への影響をどうするのかなどを明らかにするのが政府の責任でしょう。この「値札」は、さまざまな要因に影響を受けますが、重要なことは、その時点で利用可能な最善の情報に基づいてコストを見通し、国民生活、経済への影響に目を光らせることです。

③コストレビューを踏まえて臨機応変に対応する

第三に、２０３０年46％、さらには２０５０年カーボンニュートラルを目指す道程において、日本のエネルギー・地球温暖化対策コストと、米国やＥＵ、中国などの主要貿易パートナーのエネルギー・地球温暖化対策コストを定期的に比較・レビューするメカニズムを確立し、日本のコストが諸外国に比してバランスを失《しっ》して上昇した場合、目標水準や達成方法の見直しを含む柔軟性を確保しておくことです。特に欧米諸国が本当にどこまで高いコストを負担しながら、温室効果ガス削減をするのかを見極めることが不可欠です。現時点では、２０３０年までまだ9年ありますので、米国も欧州も見栄えの良い目標を掲げていられますが、これから3年後、5年後と実績値が積み上がってくれば、彼らがどの程度のコストをかけてどこまで達成しているのか、あるいは達成できていないのかがわかってきます。

④原発再稼働を加速する

第四に、２０３０年に向け、最も費用対効果の高い温室効果ガス削減策である原発再稼働を加速させることです。安全対策を講じた原発の再稼働と運転期間の延長が地球温暖化対策として最も費用対効果が高いことは自明です。ＩＥＡは、このオプションが利用できない場合、地球温暖化目標達成のための年間必要投資額は大きく増大し、電気料金も上昇するとの見解を示しています。新しいエネルギーミックスの中で原発シェアを

20～22％に維持したとしても、現在の再稼働のペースを考えると決して楽観できるものではありません。原発のシェアをさらに減らして再生可能エネルギーに回すべきだという議論すらあります。このまま原発再稼働が遅れ、その分を再生可能エネルギーで賄うことになれば、ただでさえ目標引き上げで上昇する電力コストをさらに押し上げることになります。

そのためには、適合性審査を加速させる必要があります。東日本大震災後、10年もの期間を経て再稼働した原発は未だに10基です。適合性審査の大幅な遅れにより、欧米で例をみない長期停止が続いているのは、原子力規制委員会が「原発を安全に稼働させるための規制」という本来の機能を果たしていないことを意味します。審査のための基準を最初に明示し、審査中にその条件を変えず、行政手続法に則《のっと》り遅滞なく審査が終了するように審査を合理化すべきです。原子力規制委員会による適合性審査の遅れで空費された期間が40年という運転期間にカウントされているのはどう考えてもアンフェアであり、既存原発をできるだけ長く使うためにも、審査期間はカウント外とすべきです。そもそも東日本大震災後に導入された「運転期間は原則40年、1回に限り20年を超えない延長が可能」という制限も世界に例がない不合理なものであり、見直すべきでしょう。

何よりも重要なことは安全性が確認された原発については、政府が前面に立って地元に対して再稼働への同意を働きかけることです。菅義偉首相や小泉進次郎環境大臣の強いイニシアティブで46％という途方もない目標を設定した以上、首相が先頭に立って目標達成のための原発再稼働の重要性をもっと発信すべきです。「格好良いことは言いたいが、泥は被《かぶ》りたくない」では、あまりにも無責任です。

⑤原発の新増設オプションを確保する

第五に、安全性の高い新型炉による既存原発のリプレースを2050年に向けた脱炭素化のオプションとして確保することです。建設中の3基を含む36基がすべて60年運転すると仮定しても、稼働する原発は2050年時点で23基、2060年には8基に減ってしまいます。IEAは、パリ協定と整合的な持続可能シナリオを世界全体及び主要国・地域に分けて示していますが、2040年時点での日本の原発基数は35基と基準シナリオの27基よりも多く、原発の新増設が必要であることが明記されています。ファティ・ビロル事務局長は、「既存原発が2050年にほぼ廃炉になる見込みの日本では原発新設も重要だ。伝統的な軽水炉とSMR（小型原子炉）などの新技術を検討すべきだ。

原子力の利用が制約されても実質排出ゼロは可能だが、東京二十三区の面積の12倍に相当する太陽光パネルと、世界最大規模の蓄電施設の40倍の容量が追加で必要だ」と述べています。また、マイクロソフト創業者のビル・ゲイツ氏は、2021年6月に行われた米国のNEI（原子力エネルギー協会）総会で「なんといっても原子力発電は、地球上のどこであろうが季節のいかんに拘らず、昼も夜も電気を供給し続けることができる唯一の『カーボンフリー』エネルギー源だ」と述べています。

中国の脅威が高まるなかで、エネルギーセキュリティの議論においても一次エネルギーの海外依存度（例えば、石油の中東依存度）のみならず、技術の対外依存度や戦略鉱物の対外依存度などにも目を配る必要が高まっています。原発技術は、日本が過去50年近くにわたり営々として築き上げてきた国産技術ですが、福島第一原子力発電所事故以降、政治の不作為により、原発の将来が不透明となったことから原子力産業、原子力人材がどんどん先細っている状況にあります。グリーン成長戦略の中では、原子力技術のイノベーションも脱炭素化に向けた重点分野のひとつとして位置づけられています。低コストで柔軟な出力調整が可能であり、変動性再生可能エネルギーとの相性が良いSMRや、安全性が高く、再生可能エネルギー由来よりもはるかに安く水素が製造できる高温ガス炉などは脱炭素化に向けた強力な援軍になるでしょう。しかし、「新増設は想定していない」、「原発のシェアを可能な限り低減させる」という方針の下では、民間企業もイノベーションに注力する気にはなりません。その間、中国は着々と原発新設を進め、ロシアと並んで世界の商用原子炉市場で存在感を増しています。中国からみれば日本の原子力産業が日本人自身の手で潰《つぶ》されていくことに快哉を叫んでいるでしょう。日本の反原発派は、例によって中国の原発についてはまったくのだんまりです。

筆者は、決して原発が脱炭素化の万能薬であると主張するものではありません。再生可能エネルギーと蓄電池の組み合わせ、水素やCCUSなどの脱炭素化技術と同様、将来、バッターボックスに立つチャンスを与えるべきだといっているのです。イノベーションとコストダウンにより、原発以外の技術が競争力を持つのであれば、それを採用すればよいのです。脱炭素化に向けたオプションは可能な限りたくさん持っておくべきであり、日本が強固な技術基盤を有している原子力技術をあらかじめ対象から排除することは不合理を通り越して馬鹿げています。そういう議論を日本の国益を何よりも考えるべき現職閣僚の小泉進次郎環境大臣や河野太郎行政改革・規制改革担当大臣が先導していることにやりきれない思いがします。

⑥産業部門と家庭部門の負担分担を見直す

第六に、産業部門と家計部門の負担分担を見直すことです。日本商工会議所によれば、会員企業の8割が「電気料金の上昇は経営に悪影響／懸念がある」と回答しています。電気料金の上昇による国際競争力の悪化で、企業収益が圧迫されれば、雇用や賃金にも悪影響をもたらすでしょう。だからこそドイツは、産業部門を巨額な再生可能エネルギー補助金の負担から免除し、その分の負担を家庭部門に回しているのです。日本は、FIT導入以降、そのような減免措置をほとんど講じてきませんでした。この結果、日本の産業用電気料金は主要国中最も高く、日本のエネルギー多消費産業が負担する1キロワット時当たりの電気料金は種々の減免措置を受けているドイツの3倍の水準になっています。例えば、再生可能エネルギーの大量導入により産業用電気料金が1キロワット時当たり18円から24円に上昇した場合、エネルギー多消費産業の電力コストは売上高1000円当たり120円上昇するとの試算があります。売上高収益率10％の企業は赤字に転落することになり、企業立地や雇用確保そのものが難しくなるでしょう。今後、再生可能エネルギーの大量導入によりさらに電気料金が上昇するのであれば、日本の製造業の国際競争力と雇用を守るため、ドイツに倣って追加的な再生可能エネルギー関連負担の相当部分を、国際競争に晒されていない家庭部門に負担してもらうことを検討する必要がでてきます。

これは、家庭部門にとってみれば迷惑千万な話です。特に可処分所得に占めるエネルギー支出のシェアが高い低所得者層にとっては大きな打撃になります。しかし、日本の製造業がダメになったら家計にも悪影響を及ぼします。再生可能エネルギーに依存した46％削減とは、そういうマグニチュードの話なのです。キヤノングローバル戦略研究所の杉山大志研究主幹は、再生可能エネルギーによる削減目標1％上乗せには1兆円の追加コストがかかると試算しています。26％から20％ポイント上乗せされれば、追加コストは20兆円にのぼります。この負担を国内でどう分担するのかという厄介な問題を避けて通ることはできません。ひたすら原発を排除し、再生可能エネルギーのみを推奨する小泉進次郎環境大臣は、50％目標を提唱した際、コストのことを少しでも考えたのでしょうか。

⑦技術開発へのリソースを増大させる

第七に、脱炭素技術への研究開発予算を抜本的に拡大することです。ビル・ゲイツ氏は、地球温暖化問題に対応するためには米国のクリーンエネルギーR&D予算を70億ドル（約7700億円）から350億ドル（約3・9兆円）に5倍増すべきであると提唱しています。日本のクリーンエネルギーR&D投資は、2021年度で1150億円です。グリーン成長戦略に盛り込まれたグリーンイノベーション基金は、10年間で2兆円（年間2000億円）です。これに対してFITによる追加的な国民負担は、年間2・4兆円と桁違いです。再生可能エネルギー目標を積み上げるため、すべての公共建築物の屋根に太陽光パネルを設置するという案がありますが、同じ公共予算を使うならば、中国製パネルに垂《た》れ流すよりも、脱炭素化の中で将来性を有する国産技術の開発に投じたほうが国家戦略上はるかに有益ではないでしょうか。

電力部門のみならず、産業部門や運輸部門の脱炭素化にも貢献する水素技術、化石燃料火力や工場からのCO_2排出を分離・利用・貯蔵するCCUS技術は、日本の長期的な脱炭素化に資するのみならず、今後の経済発展において化石燃料を使わざるを得ないアジアの発展途上国にとっても非常に有効なものです。未だ実証段階にあるこれらの技術に重点的にリソースを配分することは、日本の技術を国際的に普及させ、将来の飯のタネを確保することに育てることに役立つはずです。

菅義偉首相は、カーボンニュートラルを表明した理由のひとつとして、世界からの投資資金の呼び込みを挙げました。しかし、厳しい炭素制約を課せば投資資金が回るというものではありません。最大の排出国である中国でも、グリーン産業には世界から投資資金が集まっています。いかに立派な目標を掲げ、厳しい炭素制約を課していても、企業収益が悪化していれば投資資金など回ってきません。世界の資金を呼び込むために日本がやるべきことは、エネルギーコストの引き上げによって国全体を窮乏《きゅうぼう》化させることではなく、将来性のある技術に思い切ったリソース配分を行うことです。それこそが菅首相のいう「環境と経済成長の好循環」でしょう。

⑧炭素価格は低所得者、寒冷地を圧迫

脱炭素化の切り札としてカーボンプライシングの導入・引き上げをすべきだという議論があります。具体的には、既存の地球温暖化対策税を1トン当たり300円程度から1万円程度まで引き上げるという案、工場や発電所に排出割当を設ける排出量取引を導入する案、両者の組み合わせなどがあります。脱炭素を目指す以上、炭素に価格シグナルをつけるという議論は紙の上では説得力があります。問題は、地球温暖化問題にはグ

ローバルな対応が必要なのに、炭素価格の導入は各国・地域によってばらばらであることです。他国が低い炭素価格しか設定していないのに、日本が高額の炭素価格を導入すれば、日本の産業と雇用が大きな打撃を受けることになります。バイデン政権下であっても米国で連邦レベルの炭素価格が成立する見込みは皆無です。ＥＵは、国境調整措置によって炭素価格上昇が国際競争力に与える影響を中和しようとしていますが、既に述べたとおり、その実効性、適用可能範囲にはさまざまな問題があります。日本で炭素価格を導入するのであれば、ＥＵと同様、国際競争に晒された産業や中小企業については大幅な減免措置を考える必要があります。

確実なのは、家庭部門や運輸部門のエネルギーコスト負担が上昇することです。炭素税を1トン1万円にすれば、日本全体で10兆円の増税と消費税率4％上乗せに相当します。これは、可処分所得に占めるエネルギー支出の割合が高い低所得者層や寒冷地に住んでいる人々にとって大きな負担増になります。他方、それだけの負担をしても地球温暖化防止に目に見える効果はないのです。炭素価格シグナルによる排出削減効果は限定的であり、価格効果を期待するならば、大幅な増税が必要になります。その結果、排出が低下し、ネットゼロエミッションになれば、税収もゼロになります。そんな増税をするくらいならば、消費税を増税して社会保障を含め日本自身のために税収を使うほうがはるかに合理的です。

エピローグ

太平洋戦争中、米軍機から攻撃を受ける日本の油槽船。結論先にありきの石油需給シナリオは脆《もろ》くも崩壊した。
出所：戦没した船と船員の資料館ホームページ

エピローグ

本書の執筆中（2021年7月）に第六次エネルギー基本計画の素案が発表されました。電力需要は、現行エネルギーミックスよりも1割以上低く抑えられ、再生可能エネルギーのシェアは、現行の22～24％から36～38％に大幅に上積みされ、原子力のシェアは20～22％で横ばい、石炭を中心に化石燃料火力のシェアは56％から41％に削減されています。脱炭素化のために電化が進むはずなのに電力需要が減るというのは奇妙な話ですが、さらに奇妙なのは、再生可能エネルギー買取費用が現行ミックスで想定されていた3・7兆～4兆円から5・8兆～6兆円に大きく拡大するにもかかわらず、トータルの電力コストは低下するとされていることです。化石燃料の価格低下を想定したことによるものですが、買取費用の増大は確実である一方、化石燃料価格が低下する保証はまったくありません。世界経済がコロナから回復する過程で上昇する可能性は十分にあるし、アジアでLNG需要が高まればLNGの調達コストは上昇するでしょう。また、2050年を見据えたエネルギー基本計画であるにもかかわらず、原発の新増設・リプレースへの言及は見送られました。小泉進次郎環境大臣や河野太郎行政改革・規制改革担当大臣の働きかけによるものといわれています。結論を先に与えられ、手段を縛られた状態で悶絶《もんぜつ》しながらエネルギーミックスをつくらざるを得なかった経済産業省の後輩たちに深い同情の念を抱きます。

ここで頭に浮かんだエピソードがあります。昭和16（1941）年、日本が対米戦争を前に、米国が対日石油禁輸をするなかで、石油資源を確保しつつ、対米戦争を遂行できるのかとのシミュレーションを企画院が行いました。結果は、「南方石油資源を確保し、日本に石油を持ってくれば長期持久戦が可能」というものでした。現実には、油槽船が次々に沈められ、石油備蓄は底を尽き、最後は片道分の燃料を積んだ戦艦大和の特攻に至ります。戦後、このシミュレーションの数字をつくった企画院の担当官は、「皆が納得し合うために数字を並べたようなものだった。『とても無理』という数字をつくる雰囲気ではなかった」と述懐しています。「ドイツの勝利は確定的だ。対米戦争を辞さず」という空気に翻弄され、日本が真珠湾攻撃を断行したちょうどその頃、破竹の勢いであったドイツ軍は、ソ連のモスクワを目の前にして撤退を開始します。希望的観測に囚われ、世界の情勢判断を誤ったのです。もっとアンテナを高くしていれば別な道がありえたかもしれません。

翻って今日の状況はどうでしょうか。気候変動サミット前、45～50％目標を求める菅義偉首相や小泉進次郎環境大臣に対し、経済産業省は「どう積み上げても40％を超える数字などは無理だ」といってきました。しかし、首相が46％目標を出した以上、担当官庁としては「コストがこんなに上がって大変だ」という数字をつくるわけにはいきません。内外の環境原理主義者やメディアの作り出す「2050年に向けて世界は脱炭素化まっしぐらだ。バスに乗り遅れてはならない」という同調圧力は非常に強いものがあります。しかし、こうした観測に基づく情勢判断は果たして正しいのでしょうか。

評論家の山本七平氏は、太平洋戦争の経験を踏まえ、空気に支配される日本に警鐘を鳴らしてきました。現下のコロナ感染者数原理主義にせよ、環境原理主義にせよ、日本人は空気というものにことのほか弱いようです。元交渉官である筆者の目から現状を見ると「自分たちは何のために闘ってきたのか」という思いを禁じ得ません。

政治家は、野心的な目標を好みます。とりわけ目標年において自分が「運転席」にいない場合はそうでしょう。カーボンニュートラル、46％減目標も世論調査の結果は概《おおむ》ねポジティブなようです。しかし、野心的な目標の意味するところを果たしてどれだけの人が理解しているのでしょうか。ツケを実際に払うのは産業部門であり、家庭部門なのです。電力中央研究所の調査によれば、国民の8割は再生可能エネルギーの推進に賛成している一方、再生可能エネルギー普及のコスト負担をしたくない人は36%もおり、負担を許容する66%のうち7割は電気料金に占める賦課金の割合が5%以下であることを望んでいるとのことです。しかし、現在の電気料金の中で賦課金の占める割合は既に12～15%程度に達しています。

目標の大幅な上積みを太陽光で賄うことにより、賦課金の割合はさらに拡大し、毎月の電気料金は間違いなく上がります。追加的な負担の大半は、新疆ウイグル自治区の強制労働と安価な石炭火力を使ってつくられた中国製パネルに費やされます。産業用電気料金のさらなる上昇は企業の収益を蝕《むしば》み、製造業の立地環境はますます悪くなります。日本が高いコストを払って46%削減したとしても、中国は2030年まで排出量を増やし続けるため、地球温暖化防止には何の効果もありません。日本が自分で国力を削っている間に、中国はさらに国富を積み上げていくのです。

こんなことに貴重な国富を費やすべきなのでしょうか。地球温暖化は現実の問題であり、温室効果ガスの削減に息長く取り組むべきだからこそ、このような無駄なお金の使い方をせず、脱炭素化に貢献し、世界に売っていくことができる日本の革新的技術開発にリソースを回すべきではないでしょうか。

米国のように政権交代による劇的な政策変化が見通せず、立憲民主党を筆頭に野党の提示するエネルギー・地球温暖化政策が論外である以上、政権与党である自民党のもとでエネルギー・地球温暖化政策を現実的なものにするしか道はありません。

折しも自民党総裁選が行われ、岸田文雄前自民党政務調査会長が総裁に選出されました。岸田氏は、脱炭素目標を堅持《けんじ》する一方、原発再稼働や核燃料サイクルの維持を明言しています。他方、原発の新増設・リプレースについては立場を明確にしていません。2050年のカーボンニュートラルという目標を堅持するのであれば、原子力を含め使えるオプションは総動員するという現実的な政策を大いに期待したいところです。特に割高なエネルギーコストによって国際競争力を脅かされている産業界は、早急に岸田政権への働きかけを行うべきでしょう。

本書が地球温暖化防止という誰も否定できない旗印をめぐるさまざまな不都合な真実や不合理に目を向けていただくきっかけのひとつになることを望んでやみません。環境原理主義者は、そういう疑問を持つ人々を絶対正義の名の下に「懐疑派」と呼ぶでしょうが、臆する必要はありません。あらゆることに健全な疑問を持ち続けることこそ科学的態度の基本中の基本なのですから。

本書の執筆にあたっては、構想段階から株式会社エネルギーフォーラム出版部の山田衆三氏にひとかたならぬお世話になりました。この場を借りて厚く御礼申し上げます。

２０２１年９月29日　自民党総裁選の結果を受けて

東京大学公共政策大学院

特任教授　有馬　純

著者紹介

有馬 純　ありま・じゅん
東京大学公共政策大学院特任教授

1982年、東京大学経済学部卒業、同年、通商産業省（現経済産業省）入省。OECD（経済協力開発機構）日本政府代表部参事官、IEA（国際エネルギー機関）国別審査課長、資源エネルギー庁国際課長、同参事官などを経て、2008～2011年、大臣官房審議官地球環境問題担当。2011～2015年、JETRO（日本貿易振興機構）ロンドン事務所長兼地球環境問題特別調査員。2015年8月より東京大学公共政策大学院教授、2021年4月より同大大学院特任教授、現職。21世紀政策研究所研究主幹、RIETI（経済産業研究所）コンサルティングフェロー、APIR（アジア太平洋研究所）上席研究員、ERIA（東アジア・アセアン経済研究センター）シニアポリシーフェローを兼務。IPCC（国連気候変動に関する政府間パネル）『第六次評価報告書』執筆者。これまでCOP（国連気候変動枠組条約締約国会議）に15回参加。著書に『私的京都議定書始末記』（2014年10月、国際環境経済研究所刊）、『地球温暖化交渉の真実―国益をかけた経済戦争』（2015年9月、中央公論新社刊）、『精神論抜きの地球温暖化対策―パリ協定とその後』（2016年10月、エネルギーフォーラム刊）、『トランプリスク―米国第一主義と地球温暖化』（2017年10月、エネルギーフォーラム刊）。

亡国の環境原理主義

2021 年 11 月 1 日第一刷発行
2021 年 11 月 18 日第二刷発行

著者　有馬 純
発行者　志賀正利
発行所　株式会社エネルギーフォーラム
〒104-0061 東京都中央区銀座 5-13-3 電話 03-5565-3500
印刷・製本　中央精版印刷株式会社
ブックデザイン　エネルギーフォーラム デザイン室

定価はカバーに表示してあります。落丁・乱丁の場合は送料小社負担でお取り替えいたします。

 ISBN978-4-88555-520-6